浪花朵朵

地球46亿年

人类出现之前的故事

[英]马丁·詹金斯 文　[英]格雷厄姆·贝克-史密斯 图　梁艳 谭超 译

北京联合出版公司
Beijing United Publishing Co.,Ltd.

目录

前言

如果你正在阅读这段文字，那么很可能你是一个人。你应该已经清楚这一点，但你是否了解下面这些……

人类与大猩猩、黑猩猩、猩猩以及已灭绝的人类近亲如尼安德特人，都属于人科动物；

人科动物最早于1500万年前左右出现在地球上，它们与猴、狐猴和婴猴等共属于灵长类；

灵长类动物最早（很可能）出现在5500万年前至7000万年前，它们与猫、狗、袋鼠、海牛、鸭嘴兽、鲸以及其他很多现存的或已灭绝的动物一样，属于哺乳动物；

哺乳动物最早出现在2亿年前，它们是合弓纲动物中唯一的幸存者；

合弓纲动物最早（可能）出现在约3亿年前，它们与蜥蜴、鳄鱼、蛇、鸟以及已经灭绝的鱼龙、翼龙和霸王龙等一样，属于羊膜动物；

羊膜动物最早出现在3.2亿年前至3.4亿年前，它们与青蛙、蟾蜍、蝾螈以及很多已经灭绝的奇奇怪怪的生物，例如锄头螈和彼得普斯螈一样，属于四足动物；

四足动物最早出现在约3.8亿年前，它们与我们现在称之为鱼类的生物一起，共同构成了脊索动物这个大家庭；

脊索动物最早出现在5亿年前，它们与软体动物、节肢动物和其他许多现存的或灭绝的生物一样，都属于两侧对称动物；

两侧对称动物最早可能出现在5.5亿年前，它们与栉水母、海绵、珊瑚、海葵和水母等一样，都是动物；

动物最早可能出现在7亿年前，它们与蘑菇、毒蕈^{xùn}、开花植物、海藻及许多其他生物一样，都是真核生物；

真核生物最早可能出现在18亿年前，它们是……

要想知道什么是真核生物，我们最好还是从最开始讲起。

最初时刻

在很久很久以前，什么都不存在。没有宇宙，没有空间，没有时间，什么都没有，一片虚无。然后，宇宙出现了，没有人知道原因和过程，只知道一团由物质、能量和反物质组成的体积非常小的聚合体，以极快的速度开始膨胀。

数百万年后，一些物质聚合成为很大的球体，散发出光和热。这些就是第一代恒星。大多数恒星相互聚集，形成星系。宇宙中有数十亿个不同形状和规模（都很大）的星系，每个星系中都有大量的恒星。许多星系是漩涡状的，就像巨大的旋转烟火。

数十亿年后，很多第一代恒星都燃烧殆尽，变成了密度非常大的白矮星或神秘的黑洞。同时，新的恒星也在不断出现，它们是由大量旋转的分子云在引力的作用下坍缩形成的。

生物的分类

今天地球上有数十亿计的生物个体。它们可以被归类为数百万个不同的类群。

生物学家建立的基础分类群体为种。比如：所有的现代人类构成一个种（智人，拉丁名为"*Homo sapiens*"），所有的美国加利福尼亚州红杉归为一种，即北美红杉（*Sequoia sempervirens*），欧洲鳗鱼又是另外一个种，即欧洲鳗鲡（*Anguilla anguilla*）。每个种又都可归为一个相应的属，属名构成物种拉丁名的第一部分。一个属可包含一个或多个种。比如，人属只有一个现存物种，即智人，北美红杉属也只有北美红杉一个种，而鳗鲡属则包含有约20种鳗鱼。

不同但又具有一定相似性的属组成科。人属包含在人科里。除了人属，人科还包含大猩猩属（大猩猩）、黑猩猩属（黑猩猩和倭黑猩猩）和猩猩属（猩猩）。不同的科又可以组成目。包括人科在内的16个现存科共同组成了灵长目（灵长类动物）。不同的目又可组成纲，如灵长目是哺乳纲（哺乳动物）下的一个目。而不同的纲又组成门，如哺乳动物就归为脊索动物门。

现代分类系统试图将彼此相关的物种归为一类。

这些可归为一类的生物在过去的某个时间拥有共同的祖先。它们距离共同祖先的年代越近，它们的亲缘关系就越近。研究显示，黑猩猩和倭黑猩猩的共同祖先生活在不到200万年前，所以它们被归为黑猩猩属。它们和人科下的其他物种被认为在约1500万年前拥有共同的祖先，而灵长目下的其他科的物种则可能是在约6500万年前拥有共同的祖先。如果你还想知道所有哺乳动物或所有脊索动物的祖先是谁，出现在什么时候，就需要你继续阅读去寻找答案。

长久以来，生物分类学家建立分类系统的主要依据是生物体之间可观察到的生物特征的相似性和差异性。而现如今，通过分析生物的DNA，可以更好地了解它们之间的亲缘关系。这也让原有的分类系统有了很大的变化，甚至于一些传统的分类已不能反映我们现在所了解的演化。爬行纲就是其中一个例子，在传统分类系统里，它包括蛇、蜥蜴、乌龟和鳄鱼。然而事实上，正如你即将所了解的，鳄鱼与鸟类的关系比与蛇、蜥蜴或乌龟的关系要近得多。

到了44亿年前，坚硬的地壳再次形成，地球拥有了由各种气体混合而成的厚厚的大气层。尽管这种混合气体的准确成分尚无定论，但可以肯定的是，其中并不包含氧气。目前已知的最古老的地壳物质就来自这个时期。它们是一种叫作锆石的坚硬小晶体。其化学成分表明，当时地球被一片广阔的海洋覆盖。那时还没有大陆，但可能已经有一些面积很小的、由火山爆发而形成的陆地。

44亿年前

40亿年前

大约40亿年前，地球被大量的小行星撞击。这些小行星可能是一颗正在解体的行星的碎片。一次撞击可能就足以让海洋沸腾，而地球却在数百万年的时间里被撞击了很多次。这一时期被称为后期重轰炸期。

我们认知中的生命

生物，或称之为有机生命体，它们生长，变化，繁衍，不断适应周围环境，而后死去。它们的生命活动依仗着一系列繁杂的化学反应。这些化学反应发生在细胞内部或表面，它们的发生离不开两个必要条件：水和能量。细胞是由一层表皮或细胞膜包裹而成的袋状小囊，内含细胞质。在当下的世界里，有些生物由许多细胞组成，有些则是单细胞生物。

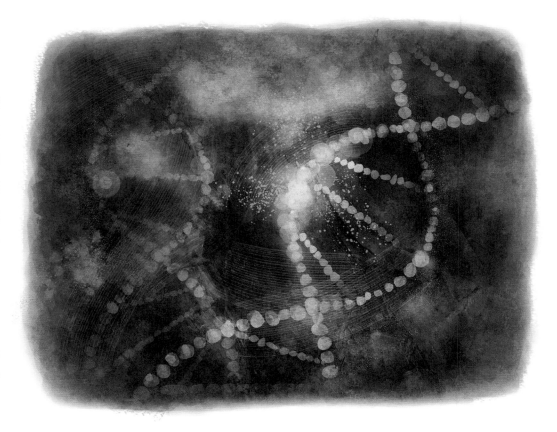

构成细胞最重要的物质是有机分子。这些有机分子是化合物，由碳元素（元素是最基本的化学形态，所有物质均由元素组成，无论是生物还是非生物）与一种或多种其他元素组合，主要是氢和氧，也会包含其他元素。

生物体中有许多种有机分子，主要可划归为三大类：蛋白质、核酸、脂质与糖类。蛋白质是由一种叫氨基酸的简单化合物组成的，在细胞中负责制造、运送和分解工作。核酸（DNA和RNA）负责携带信息，其中大多数信息是制造蛋白质的指令。DNA是细胞中的遗传物质，DNA分子上的基因负责将亲代携带的遗传信息传给子代。脂质和糖类有两个主要用途：一是作为燃料为蛋白质的各项工作提供能量；二是作为生物体内的建造材料，例如，细胞膜主要就是由脂质分子组成。

复杂的有机分子是构建所有生命体的基石。

细胞工作需要消耗能量。细胞释放能量的过程被称为呼吸作用。呼吸作用有多种不同的形式。其中最高效的方式，即能从一定量的燃料中获取最多能量的方式是有氧呼吸。有氧呼吸利用氧气分解有机分子（通常是脂质或糖类），将它们转化为二氧化碳和水，并释放能量。这个过程与燃烧木头或煤来产生热量的反应在本质上是一样的。

地球最初的二十亿年

地球的第一个时期，从地球形成到约40亿年前，被称为冥古宙。之后40亿年前到25亿年前，我们称之为太古宙。

现有的研究认为，地球形成于45.7亿年前。几乎可以肯定的是，它最初是一个熔融的火球，在随后的几百万年，它的外部慢慢冷却，形成了固体地壳。这最初的地壳并未有任何岩石保存下来，也就意味着我们不能直接测定地球的年龄。但是，如果使用一种被称为放射性定年法的技术，我们就可以计算出最古老的陨石（从太阳系其他星球坠落到地球上的石块）的年龄。它们的测算年龄为45.7亿年，包括地球在内的太阳系行星的年龄被认为与之相同。

45.7亿年前　　　　　　　　　　　　　　　　　　　　　**45亿年前**

冥古宙

在约45亿年前，一颗行星大小的天体撞向了地球，地壳随之再次熔化，月球在这次撞击过程中形成。

太阳形成

宇宙形成大约90亿年之后，在其中一个漩涡星系的一条旋臂上，差不多中点的位置，一颗新的恒星在一片分子云中开始形成。

分子云中的大部分物质都归入了这颗新的恒星，成为它的组成部分。余下的物质形成了一个直径数十亿公里的扁平圆盘，围绕着中心的恒星旋转。渐渐地，圆盘里的物质开始聚集成团，团块大小不一。其中一些最终形成巨大的球体，散布在圆盘上。靠近恒星的球体密度大且为固态。远一些的密度要小得多，且大多为气态。更远些的，是冰封的星球。它们都围绕着恒星旋转，轨道呈椭圆形，就像挤压过的圆环。这些发生在45亿年前。这个漩涡星系就是我们所说的银河系，而那颗恒星，就是我们的太阳。这些巨大的球体是太阳系中的行星。其中一颗固态行星，从太阳向外数第三颗，便是地球——我们的家园。它是如何从一个宇宙尘埃聚集成的球体变成如今这样生机勃勃的星球？我们人类又是如何成为这颗星球上生命的一部分？这一切是一个非常奇妙的故事，同时也许是有史以来最伟大的故事。揭秘其中林林总总的演化细节将是一个漫长的过程。开始之前，有几个相当重要的问题可供我们思索，例如：我们所说的生命是什么？我们如何才能推演过去？地球是怎样以及从何时开始成为适合我们这样的生物繁衍生存的居所？

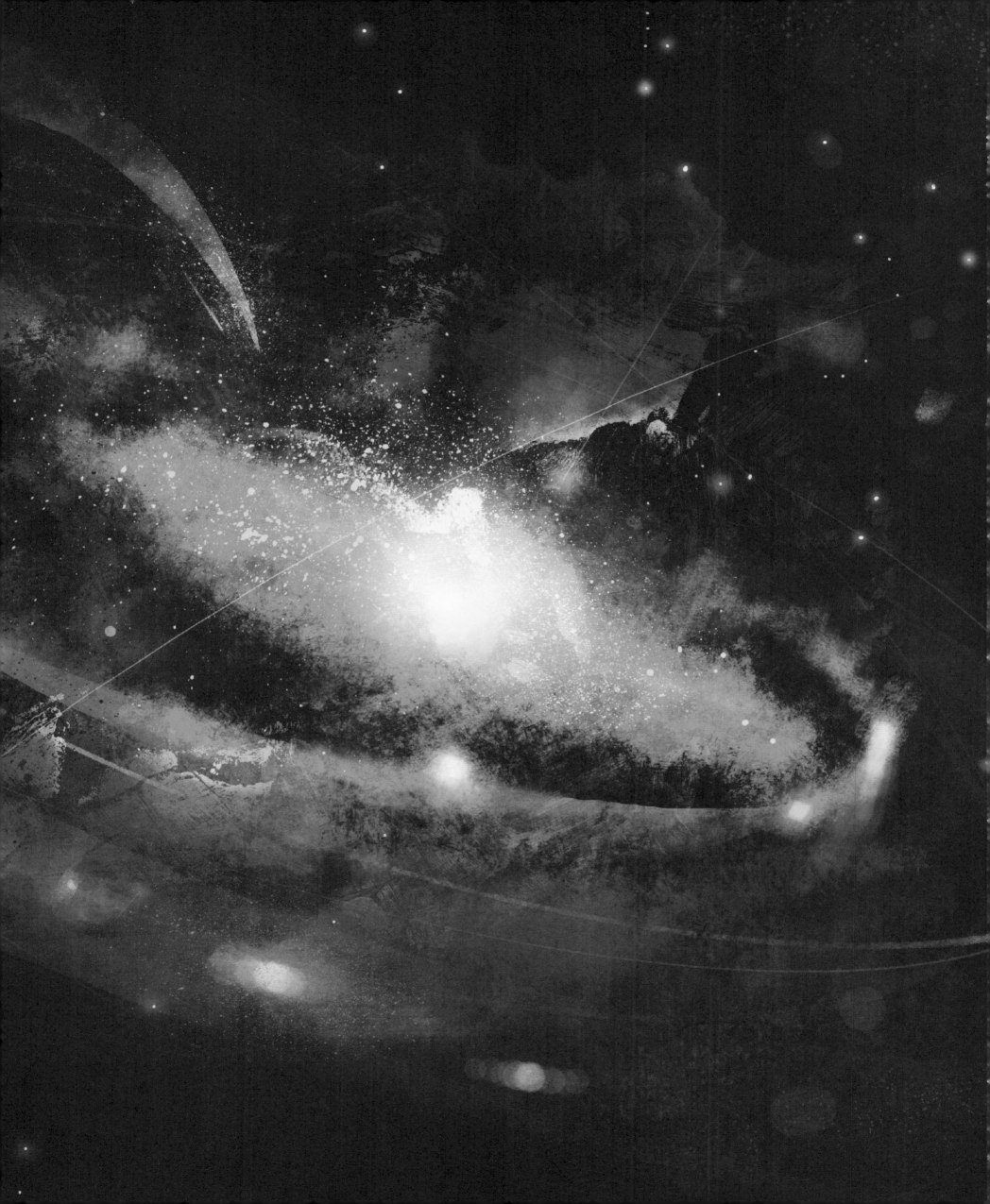

永不停息的地球

　　构成地壳的岩石是漫长而复杂的历史进程中的一个产物。它们形态万千，根据形成方式和形成后遭遇的不同，可以被划分为三大类。

　　岩浆岩最初是地壳深处或更深处地幔区的熔融物质。这些熔融物质向上推进，有时以热岩浆的形式冲出地表，然后冷却变硬；有时使地表隆起并在地表下缓慢固结。在上升过程中，它们会推动上覆的岩石，使之抬升，也常常会使岩石受热和受压而产生形变。

　　沉积岩在地表或靠近地表的地方形成。已有的岩石常在风、水、化学或生物的作用下分解破碎，变成碎石、沙砾或泥浆，之后被水或风搬运并沉积在其他地方。它们不断堆积，越来越多，最终黏合硬化成为岩石。有些沉积岩是由生物碎片组成的：例如煤是由古植物的遗体转化而成，灰岩常含有浮游生物（微小的海洋生物）的外壳，有时也含有珊瑚和贝类等的外壳。

　　已形成的岩石由于熔岩的上升运动，或由于被埋藏到很深的地方，进而被加热、挤压或扭曲，就形成了变质岩。

　　化石在沉积岩中形成，但如果它们所在的围岩（化石周围的岩石）转变为变质岩，它们将变得面目全非、难以辨识。如果化石所在的围岩被再次破坏，化石也可能会丢失，或者一直被深埋在地下。

　　不仅仅是地壳中的岩石会随着时间而改变，地壳自身也是不稳定

地球表面并不稳定，它一直在持续运动着。

的。它断裂成许多缓慢移动的板块，有些板块被推动着逐渐分离，有些会相互碰撞而聚合。有时一个板块会滑动至另一个板块的下方，形成非常深的海沟。在那里，形成深海海底的地壳连同其中的所有化石一起被拖回地幔，最终被重熔再生为岩浆岩。

　　看到这里，你可能会觉得在这种状况下竟然还会有化石存在是非常不可思议的。但是自从生命第一次出现以来，就有难以估量的生物个体曾在地球上生活繁衍。它们其中只要有极小的一部分留下些许痕迹，就会有大量的化石遗存下来。即使它们没有留下化石，生命也可以留下它们的化学痕迹，尤其是碳元素的变化痕迹。和其他元素一样，碳有许多不同的形式，我们称之为同位素。通过检测岩石中不同碳元素同位素的比例，就有可能知道其中碳元素是否受到过生物的影响。

　　光合作用有几种类型。其中广为人知的一种是产氧光合作用，它在生命演化中起着非常关键的作用。这种光合作用利用水和二氧化碳来制造有机分子和氧气。没有人知道这种能力最早是什么时候演化出来的，可能在光合作用出现的早期就有了，也可能在光合作用出现了数亿年后才出现。在产氧光合作用刚出现时，其所产出的氧气是一种废物，并且对所有细胞来说都是致命的毒气。幸运的是，海洋（这一切最有可能发生的地方）里充满了各种化学物质，尤其是可作为还原剂的溶解铁。它们与氧气发生反应，生成其他一些危害性小得多的化合物。当一些地方的还原剂消耗殆尽，氧气开始积聚。这些地方的部分细胞不断演化为能利用氧气，进行有氧呼吸，产生能量。第一个这样做的细胞很可能就是可进行产氧光合作用的细胞。

25亿年前

　　大约在25亿年前，还原剂的总体浓度已经下降到一定程度，氧气开始在海洋和大气中广泛聚积，这就是我们所说的大氧化事件的开始。这可能是地球生命史上发生的最重要的一次变化，一次由生物自身活动而引起的变化。如果没有这次事件，地球将会是完全不同的另一番景象，包括人类在内的现代生命形式都不可能演化出现。

回溯往昔

研究现存物种和它们的DNA，可以让我们更好地了解物种之间的关系。然而，没有一个物种是永生的——它们迟早会灭绝，会被其他物种取代。这也意味着现今存活的物种并非是一直存在的。若想要知道它们是何时、如何出现的，或者说想了解那些早已灭绝的生物，例如霸王龙，在生命历史的长河之中扮演怎样的角色，我们就必须回到过去，追寻答案。

生物化石为揭开生命的演化故事提供了重要线索。

我们追寻的过去就藏在组成地球表面的岩石之中。岩石中记录着所在地区当时的环境信息。其中最重要的线索就是化石。化石是生物体死后留在岩石中的遗体或遗迹。化石有不同的类型：一只动物在泥中走过时留下的足迹，或数亿年前一片树叶掉落在潮湿森林地面上产生的印痕，这些都是化石。然而，最常见的化石是生物的硬体部分矿化（变成石头）形成的，例如动物的骨骼或外壳化石、植物的木质部化石等。

化石记录——所有被采集和研究的化石——对研究生命的演化具有极高价值。同时，化石记录有着分布不均、不能完整记录当下情境的缺点。这主要是因为一个生物体能形成化石的概率很低。一般情况下，生物死亡之后，几乎都会完全腐烂，无法留下可识别的遗骸。只有在特定的条件下，死去的生物才能被保存下来。其中，生活在沙漠或山区的生物只能留下相对较少的化石，而生活在浅海的生物则留下了较多的化石。化石记录如此不完整的另一个原因是：即使生物在死后确实留下了痕迹，这个痕迹保留到今天的可能性也是非常小的。这是因为地壳（地球的表层）是不稳定的，它一直在运动着，岩石亦随之不断被破坏、被重塑。

大约在37亿年前，甚至也可能是在后期重轰炸期之前，地球上就出现了生命。现在我们仍然无法确定最初的生命是如何产生、在哪里产生的。它可能来自地外星球，也可能就起源于地球：也许是在火山周围的温暖浅海区域，也许是在地下深处，也许是在海底热泉的周围（这也是目前的主流观点）——在这里，携带着丰富化学物质的热水如喷泉般从地壳下涌出。

几乎可以确定，最早的生命形态是单细胞生物，它们通过将自身一分为二来繁殖，并从周围的化学物质中获取能量。随后，一些细胞开始直接从阳光中获取能量。它们利用这些能量把简单的无机分子，如二氧化碳（CO_2）、水（H_2O）和硫化氢（H_2S）等，转化为有机分子，这就是光合作用。

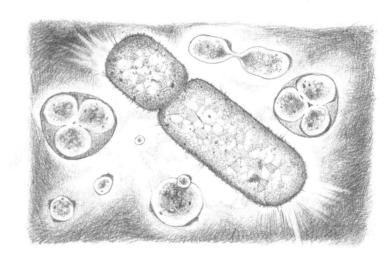

37亿年前

太古宙

这一时期生命存在的证据来自世界上最古老的岩层，它们位于加拿大和格陵兰岛，岩层的年龄在43亿年至37亿年之间。其中一些岩石含有碳，看起来像是当时的生物留下的痕迹，它们的微小结构与今天生活在海底热泉周围的生物所形成的岩石结构非常相似。这些含碳的古老岩层中也有一些类似现代叠层石的结构。叠层石通常是由浅海水域的微生物形成的一种锥形或拱形的有机沉积构造。一些古老的岩石中也有富含铁化合物的条纹或条带，这被认为是当时的微生物进行光合作用留下的痕迹。

第一次冰河时期

大氧化事件对当时的生物产生了巨大的影响。那些利用氧气进行呼吸的生物得以迅速繁衍，而对于那些不会利用氧气的厌氧生物，氧气于它们而言就成了毒气。氧气的聚积虽然使厌氧生物大量死亡，但它们也并没有完全消失。如今，那些幸存下来的厌氧生物依然在许多地方繁衍生息，比如动物的胃里以及沼泽的底层。

氧气不仅对生物有影响，它也能影响气候。它影响气候的一种方式是与大气中的其他化学物质，尤其是甲烷，发生反应。甲烷是由碳和氢组成的化合物，是一种温室气体：它能截留大部分太阳辐射到地球的热量，在给地球保暖方面发挥着重要作用。在地球的早期阶段，太阳的能量没有现在这么强，到达地球的热量也少得多。幸运的是，当时的大气中似乎有很多甲烷，这有助于地球保暖。但是，甲烷遇到氧气就会分解。因此，随着大气中氧气含量的增加，甲烷含量减少，地球也随之变冷。大氧化事件造成的降温足以让地球进入一个漫长的寒冷期，一个被称为休伦冰期的冰河时期。休伦冰期是地球历史上的第一个，也是持续时间最长的一个冰河时期。

在经历了大约3亿年的寒冬后，地球上的气候又发生了很大的变化。在冰期期间，大气中的氧气含量可能已达到了相当高的水平——有时可能与今天的氧含量相当，甚至更高。而后不知道由于什么原因，气候变暖了，甚至很可能是突然地变暖，大气和海洋中的氧气含量骤降，大部分的海洋甚至很可能再次转变为缺氧状态。

休伦冰期

休伦冰期是历史上第一个，也是持续时间最长的一个冰河时期。它可能是由大气中氧气的聚积而引发的。

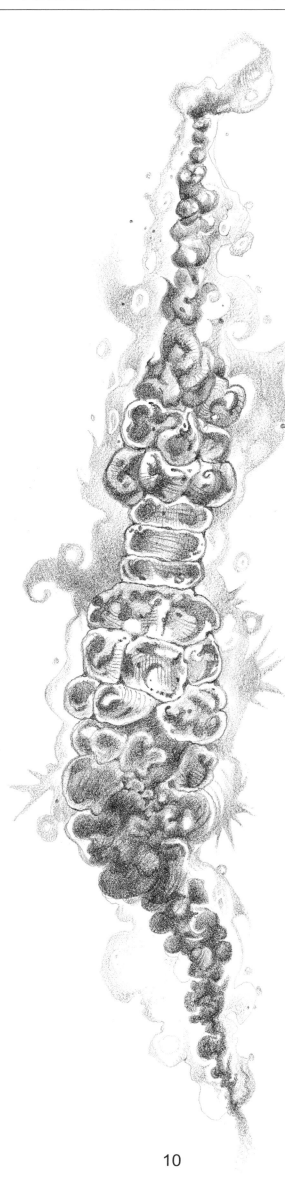

暗藏生机的十亿年

接下来的一个漫长的地球历史时期，约18亿年前到8亿年前，有时被戏称为"无趣的十亿年"。因为根据这个时期的岩石记录，地球在此期间并没有什么显著的变化。其实这种说法有失公允，因为生命演化历史上最关键的一步很有可能就发生在这个时期：一种全新的细胞出现了，这意味着全新生命形态的产生成为可能。

最早的生命形态几乎都是被一层外膜所包裹的微小细胞，细胞内部没有独立的功能区间。它们被称为原核生物。原核生物包括细菌和古菌两大类，由一个共同祖先演化而来，可以追溯到太古宙甚至冥古宙时期。

在某个时刻，有可能就在这"无趣的十亿年"刚开始的时候，两个不同的原核生物融合成为一体：一个细胞在另一个细胞体内安了家。内部的细胞（一种细菌）负责生产提供它们二者所需的能量，外部的细胞（一种古菌）则负责为内部的细胞提供一个安全的庇护所，并稳定地为其输送生产能量所需的化学原料。内部的细胞保留了自身的DNA，但丢失了许多独立生存所需的化学物质，变成了线粒体。而外部的细胞则失去了生产能量的能力。两者结合在一起形成了一种全新的细胞，我们称之为真核细胞。真核细胞内通常含有许多个相同的线粒体，以及一个单独的功能区间，即细胞核，它包含着来自外部细胞的DNA。

像这样两种不同的生物相互合作，从而比各自为战生存得更好，它们之间的关系被称为共生。共生是生命演化中非常重要的一部分。在这个时期，同样的情况至少又发生了一次：一个能进行光合作用的细菌定居在了一个真核细胞体内，而这个细菌最终演变成为叶绿体。叶绿体的出现意味着拥有叶绿体的真核细胞可以通过光合作用来制造自身所需的有机化学物质。

当然，这些新的细胞并没有完全取代原核生物，原核生物群体一直繁衍兴盛至今。但真核细胞的出现确实为生命形态的发展提供了全新的可能。首先，真核细胞的体形可以比原核细胞大很多。它们拥有更灵活的细胞壁，这意味着它们可以做一些原核生物一般做不到的事情，比如吞食其他细胞。最

红毛藻
Bangiomorpha

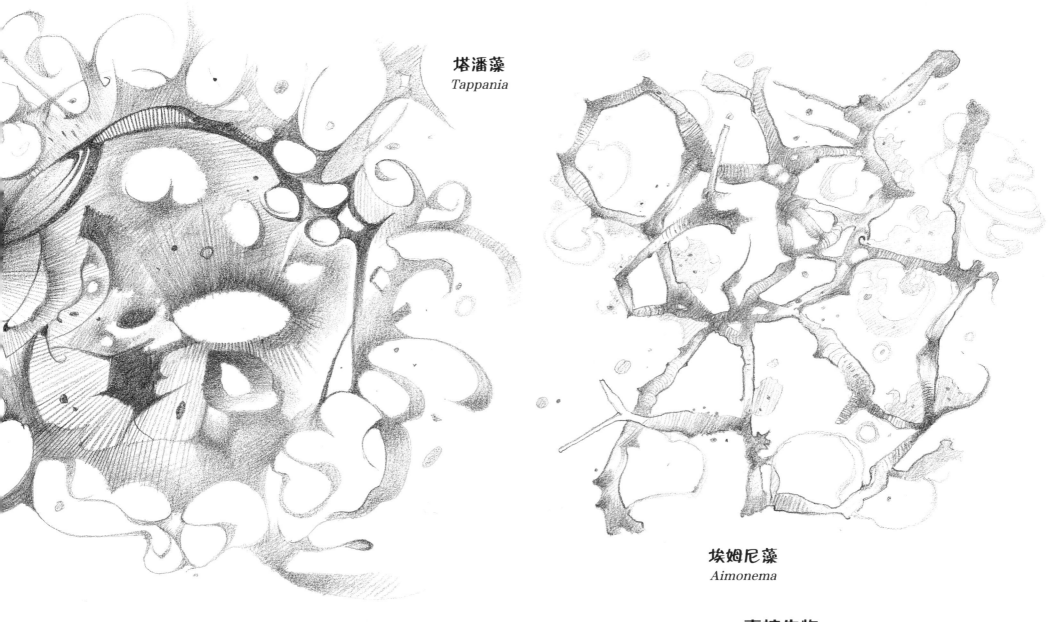

塔潘藻
Tappania

埃姆尼藻
Aimonema

终，真核细胞创造出了在原核生物界里闻所未闻的东西：由多个细胞组成的生物体。

原核生物虽然可以群居，例如叠层石，但它们并没有组合形成单个的生物体。原核生物群体中的每个细胞都是一个独立的个体，与群体里其他细胞做着几乎相同的事情。而真正的多细胞生物是由许多不同类型的细胞有规律地排列在一起组成的，其中每种类型的细胞都有自己的分工。不同类型的细胞可能看起来大相径庭，但在本质上，它们都有相同的DNA，这些DNA会组成染色体。有些细胞体内可能只有一套染色体，有些细胞体内则可能有两套或多套染色体。

因为拥有各自负责不同工作的细胞，多细胞真核生物的个体一般长得比原核生物都大得多。这也为真核生物增加个体数量提供了新的途径：有性繁殖。有性繁殖是指来自两个个体的细胞结合在一起形成一个新的个体，这个新个体的DNA各有一半分别来自两个亲代。使用这种方式繁殖的生物（包括人类）以胚（完全相同的细胞聚集而成的小集群）作为开始孕育新的生命。

真核生物

这些16亿年前到8亿年前的微小化石被认为是早期的多细胞真核生物。

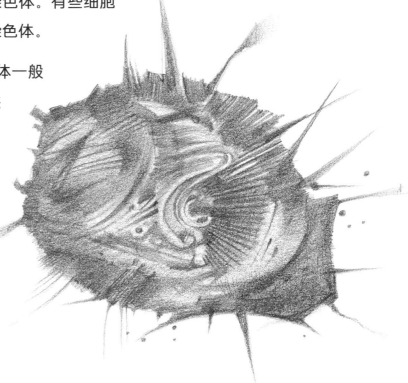

拟粗面刺球藻
Trachyhystricosphaera

11

第二次冰河时期

当这"无趣的十亿年"步入尾声，在大约7.2亿年前，地球又一次进入了一个非常寒冷的时期，我们称之为成冰纪。

在这个时期，地球上至少出现了四种不同的多细胞真核生物。它们的形态没有什么特别的，体形几乎可以肯定都很小，但是它们在地球的生命历史上却至关重要。它们是最早的真菌，最早的动物，最早的褐藻和最早的红（或绿）藻。换句话说，它们是当今多细胞生物各主要类群的祖先（高等植物是由一种绿藻演化而来的）。藻类有叶绿体，可以进行光合作用，而真菌和动物没有叶绿体，不能进行光合作用。

成冰纪是地球上的生命进行尝试的一个试验期，它持续了大约1亿年。相较之前的休伦冰期，成冰纪要短得多，但不可否认，这也是一个非常长的时期。在这个时期，地球上的大部分地区都极度寒冷，有时整个地球都可能是被冰雪覆盖的。但也有迹象表明，即使在最冷的时候，赤道附近仍有一些未结冰的海域。

和休伦冰期的发生类似，生命很可能在成冰纪冰期的形成过程中也发挥着重要作用。有迹象表明，在成冰纪初期，大气中的氧气似乎又开始积聚增加。有一种学说认为，这段时期正是真核生物真正开始发展的时候，大量的藻类吸收二氧化碳来制造有机分子，同时释放出氧气。当这些藻类死亡时，它们很快下沉，并在被分解、释放出碳元素之前就沉降到了海底。因此，它们所吸收的碳都被深埋海底，而海底的任何东西最终都会被拉回地幔之中。这些生命过程最后所造成的总体效应，就是地球大气中二氧化碳含量的逐渐降低。由于二氧化碳和甲烷一样，是一种温室气体，它们在大气中的含量降低就可能导致地球温度的下降。当温度降到足够低时，一个冰河时期随之而来。

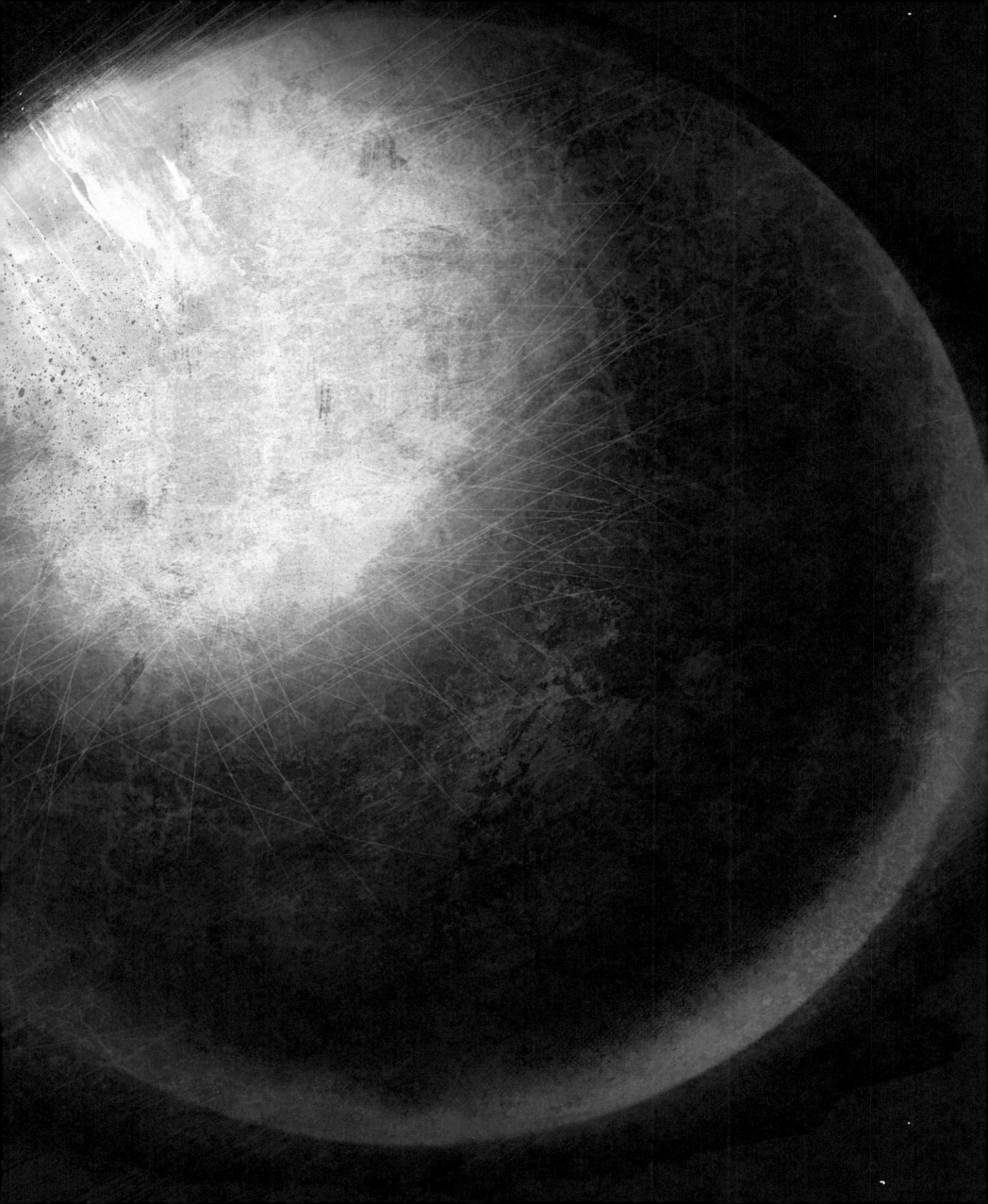

奇异的生命形态

大约在6.35亿年前，地球再一次变暖（原因我们仍然不清楚），成冰纪结束，一个新的时期——埃迪卡拉纪开始了。这一次，虽然地球变暖了，但这个时期大气中的氧气含量却似乎仍处于一个较高的水平。

新的气候环境——温暖的气候和充足的氧气——被认为是促使这次生命演化发生飞跃的主要因素。在这次演化中，宏体生物首次出现，它们的体长从几厘米到几十厘米不等。这类生物的化石最早可以追溯到5.7亿年前，但是它们极有可能在更早的时候就已经演化出现。

要完全了解这些被称为埃迪卡拉生物的生命体究竟是什么以及它们是如何生存的，是一

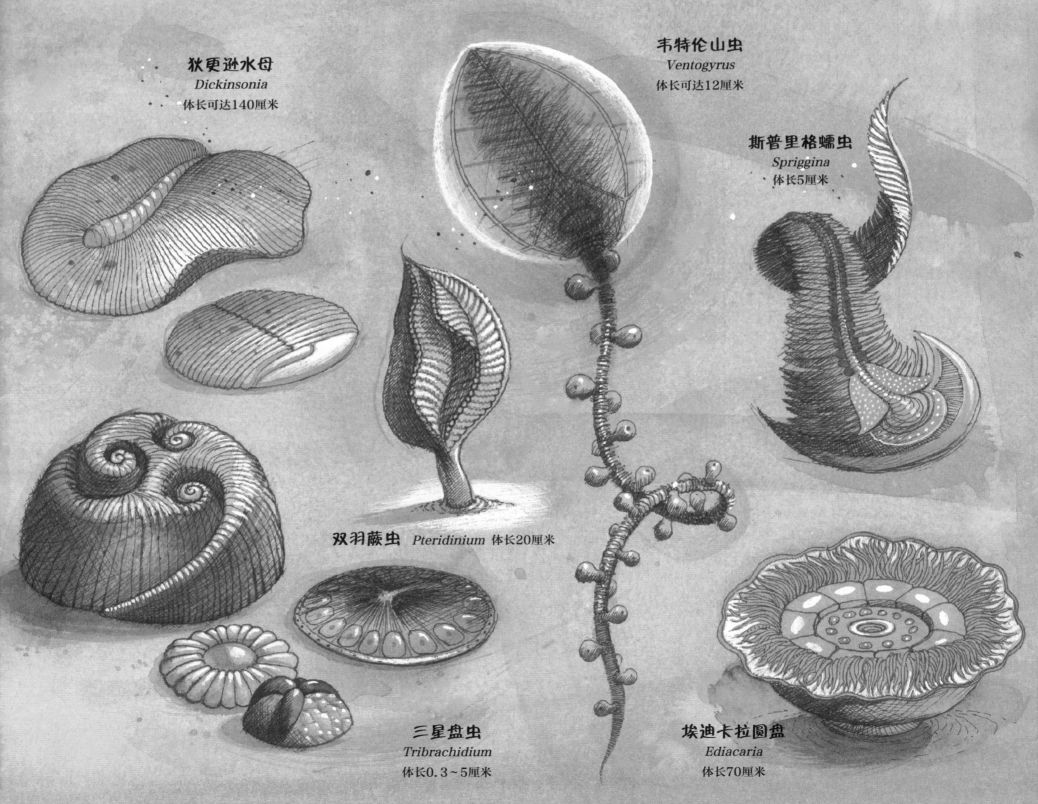

狄更逊水母
Dickinsonia
体长可达140厘米

韦特伦山虫
Ventogyrus
体长可达12厘米

斯普里格蠕虫
Spriggina
体长5厘米

双羽蕨虫 *Pteridinium* 体长20厘米

三星盘虫
Tribrachidium
体长0.3~5厘米

埃迪卡拉圆盘
Ediacaria
体长70厘米

项极其困难的课题。但是，不管它们是什么，可以肯定的是，它们没有硬体部分：遗留下来的化石均是生物体死后被粉沙或淤泥覆盖，经历漫长岁月而形成的印痕化石。一般认为它们全部或至少大部分是生活在水里的动物，而非藻类或真菌；它们可能是一种与今天的任何生物都没有亲缘关系的多细胞生物。大多数生物似乎是固着在海底的，有些也可以随着海水漂流或在海床上慢慢滑行。它们很可能是通过吸收周围环境中溶解的营养物质来获取能量，有些生物的食物则可能是来源于与之共生的小型生物的光合作用。

埃迪卡拉生物

时至今日，这些在埃迪卡拉纪盛极一时的生物究竟是什么仍是一个未解之谜。

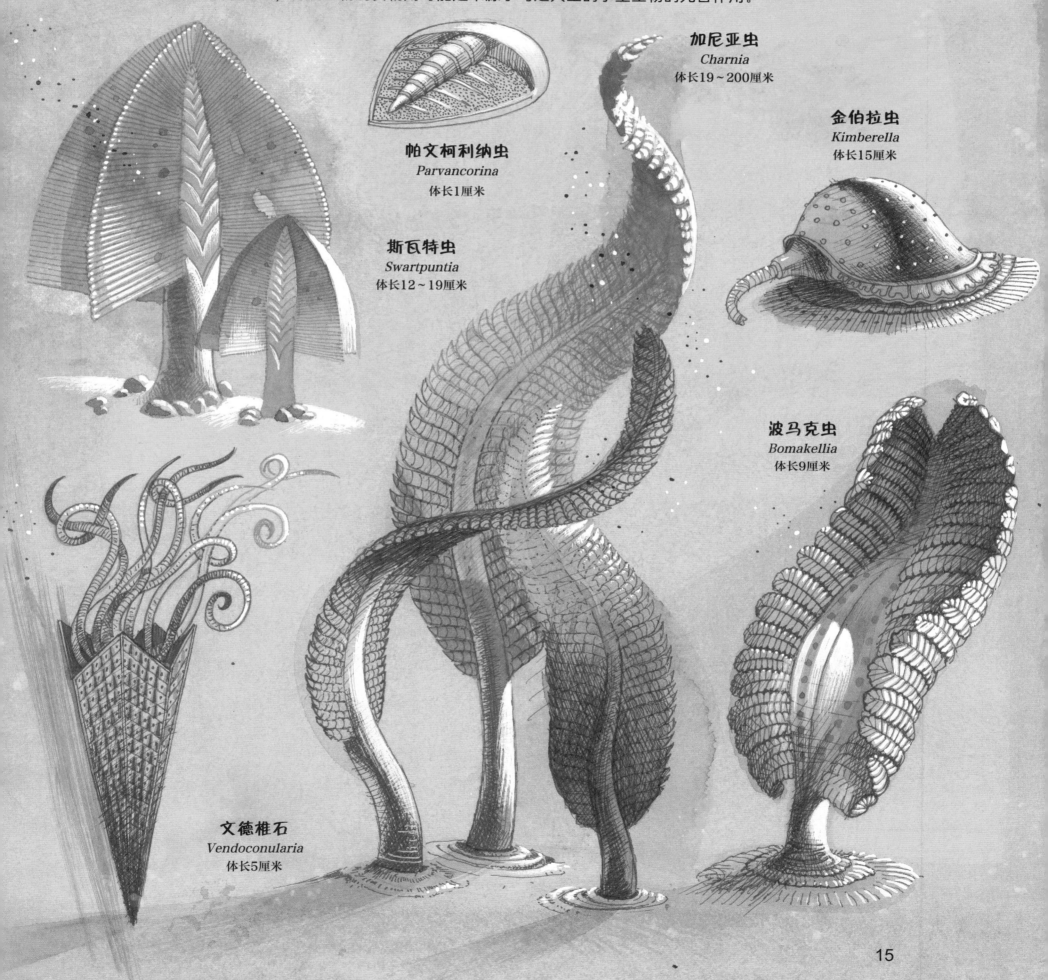

帕文柯利纳虫
Parvancorina
体长1厘米

加尼亚虫
Charnia
体长19~200厘米

金伯拉虫
Kimberella
体长15厘米

斯瓦特虫
Swartpuntia
体长12~19厘米

波马克虫
Bomakellia
体长9厘米

文德椎石
Vendoconularia
体长5厘米

硬体构造

在宏体生物出现后又过了约2000万年，另一种生物出现了。它们是目前已知最早拥有硬体构造的生物，在这个时期主要是一些长有微型外壳的生物。虽然这些带壳化石的个体非常小，但它们代表了生命史上的另一场革命。

最常见的克劳德管和纳玛波奇亚虫可以成群生长，形成水下暗礁。而震旦管则一直被认为是一个个散落在海床上独自生活的。有趣的是，许多克劳德管的壳壁上有小钻孔（详见第22页），但震旦管的壳壁上却从未发现过任何钻孔。

陆地上的生命

在约5.5亿年前，地球上有大片已存在了几十亿年的陆地。遗憾的是，关于当时陆地上究竟存在着多少生命我们至今仍很难确定。目前，人们普遍认为早期的生命演化主要都发生在水里，这是因为在干燥的陆地上，生存之路一般会更加艰难。

造成这一现象的主要原因在于所有的细胞都需要液态水才能正常运转。这意味着任何试图在陆地上生存的生物要么拥有持续的水分供应来源，要么拥有防护性的皮肤，可以在周围没有水时避免自身水分的流失。如果以上两个条件都不具备，那么它就需要有进入休眠阶段的能力，像孢子一样，可以在假死状态下存活，直到有水出现。再者，陆地上温度的变化往往比水下大很多，故而陆生生物也需要有适应较大温差的能力。

在地球历史的早期阶段，相对水生生物而言，所有陆生生物都会额外再面临一个问题：来自外太空的、有害的紫外线辐射。水和臭氧都能有效阻隔紫外线。但臭氧层的形成需要非常非常多的氧气，而在那个时期，大气中的氧含量不足以形成臭氧层。

尽管如此，有迹象表明早在太古宙，原核生物就出现在了陆地上。最初，它们可能出现在海岸线附近，那里有潮水涨退。真核生物也可能在它们存在的早期阶段就已在陆地上发展。如果真是这样的话，那它们也许是类似地衣的生物。地衣是共生的产物。这里的共生发生在真菌和

纳玛高脚杯虫
Namacalathus
长2厘米

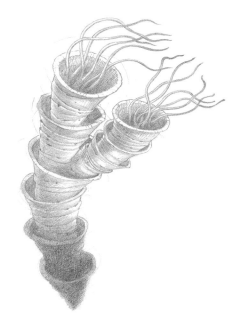

克劳德管
Cloudina
长3厘米

具有光合作用能力的生物，比如细菌或藻类之间。真菌为它的共生生物提供保护，并分解共生生物所附着的岩石表层来获取矿物质营养，与此同时，具有光合作用能力的共生生物将为真菌提供有机分子。

有化学迹象表明，在地球度过了早期最荒芜的10亿年后，陆地上就出现了地衣或类地衣的生物。有人认为埃迪卡拉纪的一些化石实际上是生活在陆地上的地衣，而不是动物，但大多数专家不同意这种说法。

埃迪卡拉纪在5.4亿年前结束。伴随着埃迪卡拉生物的消失，取而代之的是一类全新的生物，它们都生活在水里，并且我们在其中明确识别出了动物。相较于之前的生命类型，它们的种类更多，包括许多体形更大的生物，并且整体看来它们比之前的生物类群要活跃得多。这一时期被称为寒武纪，这些生命形态的出现被称为寒武纪大爆发。

最早的外壳

在埃迪卡拉纪后期，第一批有硬体构造的生物在水下生活。其中的一些，例如克劳德管，会形成海底礁石。而纳玛高脚杯虫和震旦管等则呈一个个独立的个体散布于海底。

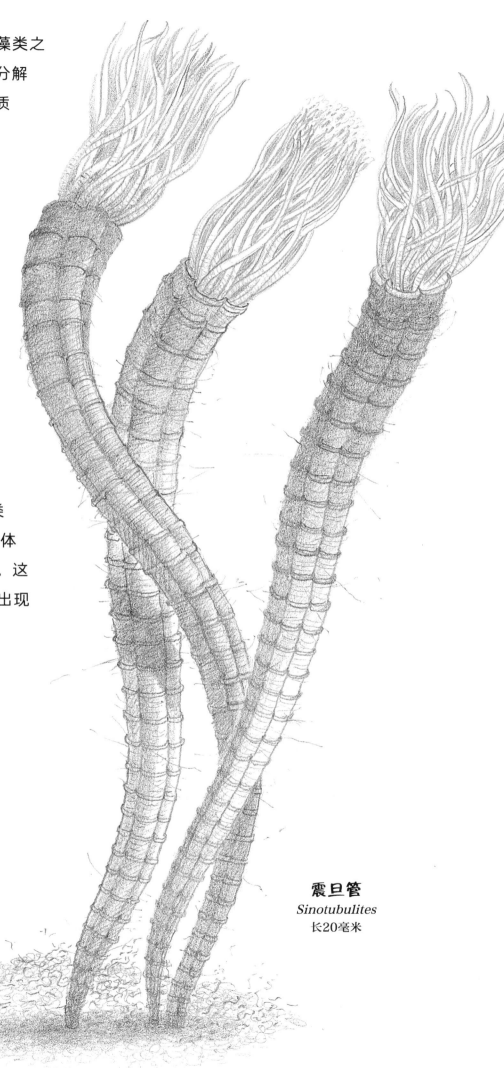

震旦管
Sinotubulites
长20毫米

寒武纪见证了一大批奇异水生生物的出现：
从在海底爬行的三叶虫到在水中游动的欧巴宾海蝎。

食泥为生

关于寒武纪大爆发还有很多未解之谜，例如究竟是寒武纪的新生物淘汰了埃迪卡拉生物，还是因为其他原因埃迪卡拉生物走向了灭绝，为新生命形态的演化发生腾出了空间？关于是什么原因引发了这次生命形态的巨变，人们也有很多争论。虽然我们可能永远也无法知晓造成这次生物演化的确切原因，但它很可能与生物获取食物的新途径有关，尤其是从海底的沉积物中取食。

海里的生物在死亡后会沉落到海底，经过降解，产生大量的有机碳，留存在沉积物中，形成一个丰富的食物来源。不过，通常这些有机碳很快会被掩埋在沙子、淤泥或其他死去的生物体之下。如果一种生物没有向下挖掘的能力，那就无法觅得这些食物。据我们所知，没有哪一类宏体的埃迪卡拉生物掌握了这项技能。而一种生物一旦演化出挖掘的能力，它就可以获取这些食物。同时，这也会显著促进有机碳的循环，进而惠及其他生物。

一些类似洞穴构造的化石显示，某些埃迪卡拉生物已经可以向下挖掘钻孔了。但是这些洞穴都非常微小，对有机碳的循环几乎没有什么影响。而在埃迪卡拉纪末期大型潜穴动物可能演化出现，使得大量的有机碳重新进入循环系统，从而触发了寒武纪生物大爆发。

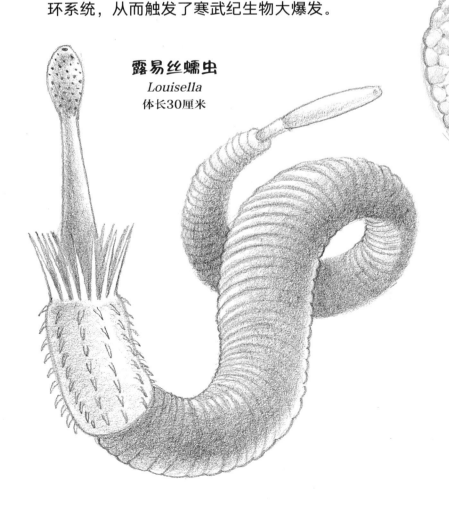

露易丝蠕虫
Louisella
体长30厘米

齿谜虫
Odontogriphus
体长0.3~12.5厘米

虽然目前并未发现这种动物的化石，但我们仍然可以推测出它们的样子。潜穴需要力量，而力量需要依靠肌肉或类似肌肉的构造来实现。同时，潜穴还需要一个并非完全软绵绵的身体。最适合潜穴的身体形态是细长形。如果一种生物的身体呈扁平状，那么它更适合在沉积物表面或在浅表之下移动，而最适合向下潜穴的身体形态是圆柱形。

第一批潜穴的生物可能是通过它们的外表皮来吸收营养的。而后，有些动物在身体的一端演化出了开口，开口逐渐演变成一种类似袋子或衣服口袋的构造。当这些动物移动时，会推动沉积物进入"袋子"中，从而获取更多的营养。随后，它们需要将不能被消化的淤泥从开口挤出来，挪出空间来吞食更多沉积物。这个"袋子"实际上就是最早的消化道。这其中一些动物演化出了第二个开口，于是生物演化又向前迈进了一步。其中一个开口最终演化为口，生物从口吸入沉积物，然后从另一个开口——肛门，排出不能消化的淤泥，这种结构和功能上的分工极大地提升了生物获取营养的效率。

有一种扁平动物具有肌肉和消化道，在演化进程中尤为重要。它们演化形成了一大类生物群体，我们称之为两侧对称动物。这个类群几乎囊括了所有的现生动物，只有海绵动物、栉水母、珊瑚、海蜇和海葵以及一种叫扁盘动物的奇异小生物除外。

两侧对称动物

在寒武纪期间，各式各样的、栖息于沉积物之中的两侧对称动物演化出现。其中很多物种和它们的祖先一样吞食沉积物，但也有一些，比如露易丝蠕虫和奥托虫，以捕食其他动物为生。

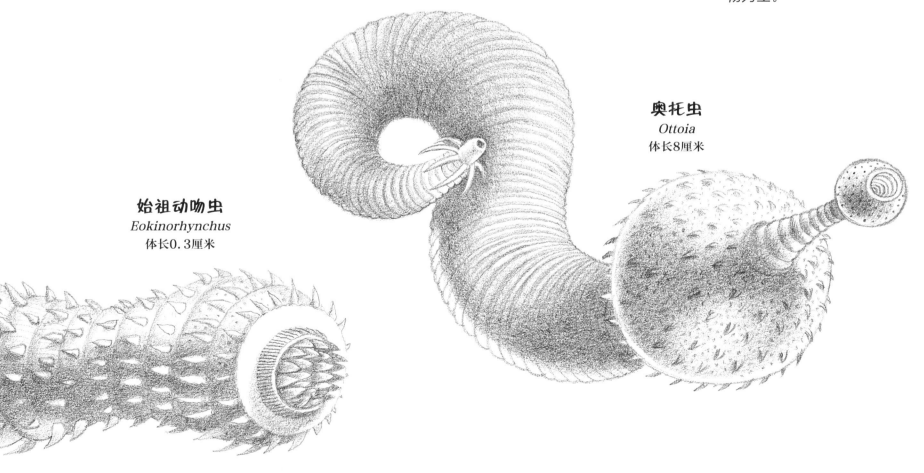

奥托虫
Ottoia
体长8厘米

始祖动吻虫
Eokinorhynchus
体长0.3厘米

弱肉强食

一旦一种动物有了口和消化道,有了能够施展力量的肌肉,另一种可能性就出现了:吃其他动物。这就是捕食,它诱发了各种各样的变革。首先,猎食者需要有技能去发现猎物,这就促使了视觉、嗅觉、触觉和听觉的发展。一旦发现猎物,它们还需要具备能够抓住并吃掉猎物的能力。

而任何有可能被吃掉的生物则需要拥有避免被捕食的能力,比如能够感知周围有捕食者在靠近,遇险时能够快速逃跑或者具备某种抵御危险的方式。毫无疑问,在寒武纪之后至今的五亿年里,捕食者与猎物之间无休无止的"军备竞赛"是推动演化的主要动力之一。

没有人知道捕食行为最早是什么时候出现的,但几乎可以肯定,这一行为出现在寒武纪之前。一些动物,比如克劳德管和震旦管的外壳,很可能就是它们演化出来保护自己的。这些动物很可能一生都固着生活在一个地方,它们无法躲避任何捕食者。为了增强自身的防御性,它们演化出了一个坚硬的外壳。

然而,随后某些动物似乎找到了击穿这个坚硬外壳的方法。还记得克劳德管壳体上的那些小钻孔吗?对此最好的解释是,它们是由一种早期的捕食者造成的。这种捕食者演化出了能够钻透坚硬物质的技能。虽然我们还不能确定它们是一种怎样的捕食者,但我们已经有一个绝佳的候选者:两侧对称动物中的一类——软体动物,比如蜗牛、蛞蝓、章鱼等。它们有一个用来进食的器官,被称为"齿舌"。齿舌就像一条狭窄的刮板,上面覆盖有细小的牙齿,这些牙齿由一种被称为几丁质的物质组成。齿舌化石在寒武纪初期就有发现,并且很有可能在更早之前就已经存在了。因此,在克劳德管壳体上钻洞的小小捕食者,或许就是一种早期的软体动物。

捕食

如赫德虾这样的寒武纪节肢动物,它们的经历表明,捕食一直是演化的一个主要驱动力。

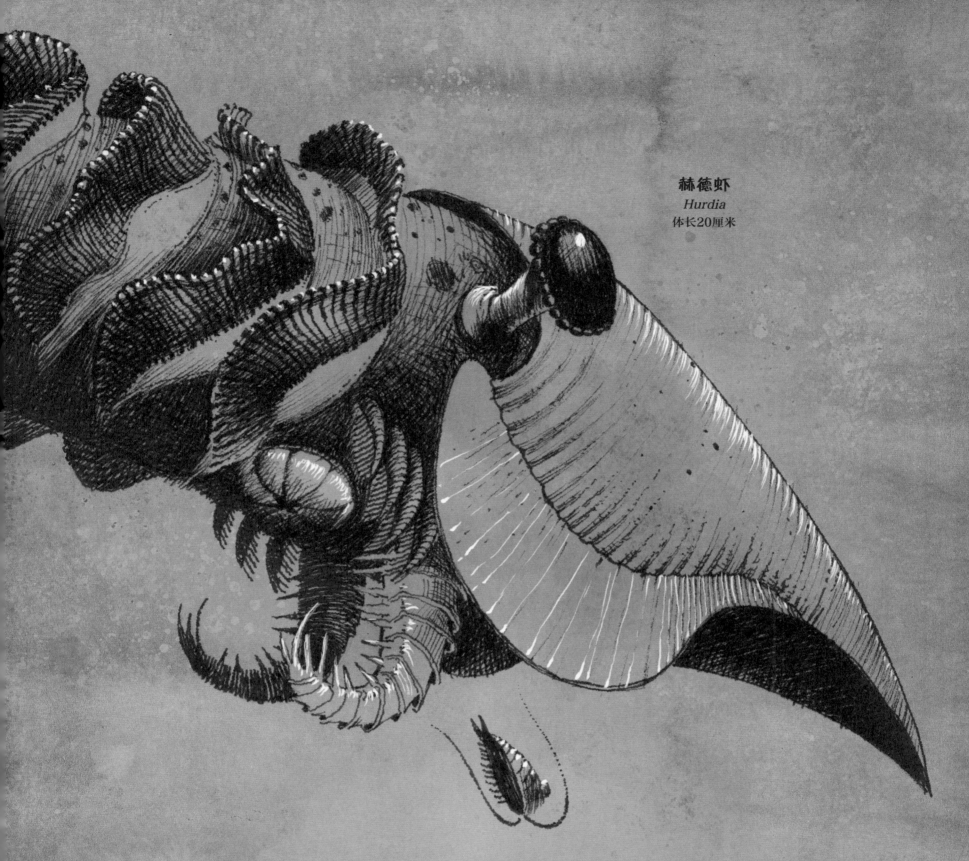

赫德虾
Hurdia
体长20厘米

　　不仅仅是这些固着生活的生物容易受到长着齿舌的软体动物的攻击，任何移动缓慢的生物都会面临这种危险。这样看来，生物开始演化出保护性的外壳，或者说外骨骼，也就不是什么值得大惊小怪的事了。这其中有一类是早期节肢动物。它们的外骨骼最为精巧复杂，是由许多独立的坚硬部件组合而成的，主要成分是几丁质。各组成部件之间由一些柔韧的物质连接，从而形成了可活动的"关节"。基本可以肯定，正是靠着这些连接在一起的外骨骼，节肢动物成为生命历史长河中生存能力最强的类群之一，无论是早期生活于水下，还是后来在陆地上繁衍生息。现代节肢动物包括昆虫（如甲虫、蝴蝶和苍蝇）、蜘蛛、蝎子、千足虫、蜈蚣、螃蟹和龙虾等，它们的种类比其他所有动植物种类加起来还要多。

我们所了解的生命

在寒武纪，繁盛的动物类群并不是只有节肢动物。到寒武纪末期，也就是约4.85亿年前，所有现生的主要动物门类的早期代表物种都已经出现。

目前发现的动物共有约32个门类，其中大多数是两侧对称动物，也有非两侧对称动物：包括多孔动物门（海绵）、栉水母动物门（栉水母）、刺胞动物门（珊瑚、水母和海葵）和扁盘动物门。

就我们所知，所有寒武纪动物都是水生的，其中一些类群留下了大量的化石。这些类群一般生活在海洋浅水区域，拥有坚硬的矿化外骨骼，所以相对较为容易形成化石。其中最为常见的是被称为腕足类的带壳动物，以及被称为三叶虫的节肢动物。

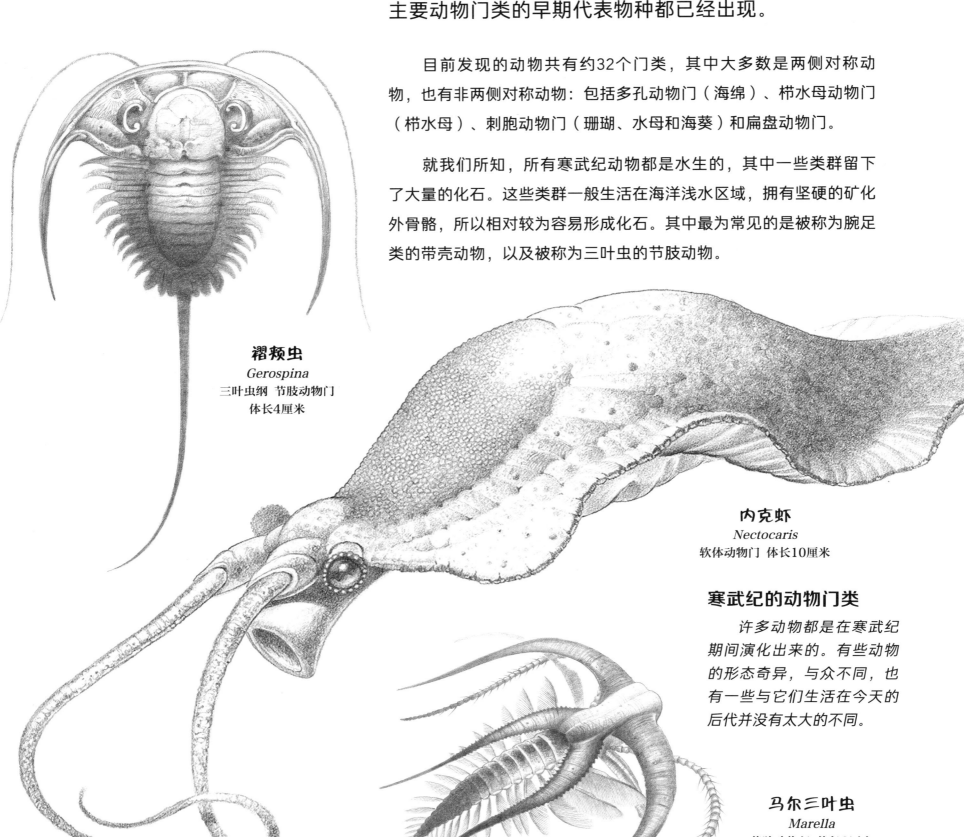

褶颊虫
Gerospina
三叶虫纲 节肢动物门
体长4厘米

内克虾
Nectocaris
软体动物门 体长10厘米

寒武纪的动物门类

许多动物都是在寒武纪期间演化出来的。有些动物的形态奇异，与众不同，也有一些与它们生活在今天的后代并没有太大的不同。

马尔三叶虫
Marella
节肢动物门 体长2厘米

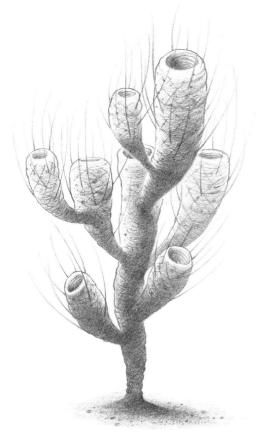

皮拉尼海绵 *Pirania*
海绵动物门 高3厘米

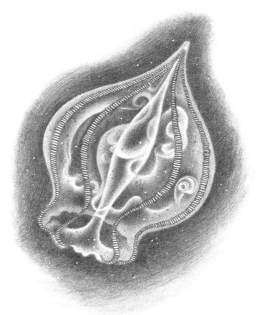

棘丛虫 *Batofasciculus*
栉水母动物门 体长5厘米

腕足类今天仍然存在，但三叶虫在2.5亿年前就彻底消失了。三叶虫的外形奇特，大多数生活在海底，以小颗粒有机物或藻类为食。从丰富的化石记录来看，三叶虫显然是一个演化非常成功的类群，但也许我们高估了它们的繁盛程度。这是因为，和其他节肢动物一样，三叶虫一生之中会数次蜕皮，而每一次蜕下的外骨骼都有可能变成化石，因此一只三叶虫可能留下多个化石。相比之下，腕足动物和软体动物一生只长一个壳，所以它们每个个体最多只能留下一个化石。

刺孔贝
Acanthotretella
腕足动物门 体长1厘米

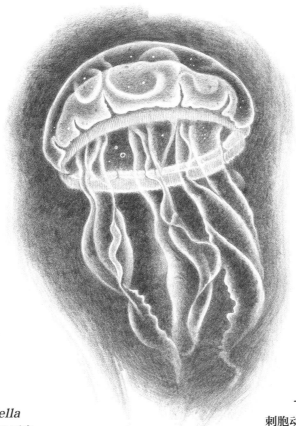

一种水母
刺胞动物门 体长1厘米

始海百合
Gogia
棘皮动物门 高4厘米

两侧对称的黏滑软体动物

正如化石记录可能会让我们高估那些一生能制造多个外骨骼的动物的数量，拥有矿化硬体构造的生物在演化过程中所扮演的角色也可能被夸大。而这仅仅是因为相比其他生物而言，它们更容易成为化石被保存记录下来。

事实上，在最早的骨骼演化出现后的很长一段时间里，没有硬体构造的生物在演化中仍然继续扮演着非常重要的角色。但因为化石非常稀少，它们很难被发现。幸运的是，在合适的条件下，这些生物以及拥有硬体构造的生物（如三叶虫）的软体部分，也可以被保存下来。这样的情况并不常见，因此存有这些化石的岩石也非常罕见。这样的岩石被称为特异埋藏化石库，这些化石库在帮助人类认识生命演化的故事方面具有极其重要的价值。

来自寒武纪特异埋藏化石库中的一类两侧对称软体动物化石，对于探索人类的演化历史尤为重要。它们是可辨认的、最早的脊索动物，属于脊索动物门的一员。现代的

海口虫
Haikouella
体长2~3厘米

一条长达40厘米的牙形动物

26

骨质牙齿

　　牙形动物是一类生活在寒武纪的脊索动物，发育有骨质牙齿。这个时期脊索动物中的其他类群，包括海口虫和皮卡虫，都没有任何硬体构造。

　　脊索动物种类繁多，包含哺乳类（人类归属于此）、鸟类、两栖类、爬行类和鱼类，其中也有一些不太常见的种类，如海鞘和文昌鱼。所有的脊索动物，在生命的某个阶段，都会长出一根可弯曲的棒状物，也就是脊索，脊索沿着身体的中轴前后延伸。这个特点源自它们远古的祖先——一类在海床上生活的动物，它们以泥为食，演化出了脊索，这很有可能是因为脊索能让它们游得更好。

　　目前已有的证据显示，寒武纪的脊索动物都没有坚硬的骨骼，除了其中的一类——牙形动物。它们演化出了大有用处的坚硬构造——牙齿。有些牙齿似乎是用来过滤水中的食物颗粒的，而另一些似乎是用来捕食的。牙形刺（牙形动物遗留的牙齿化石）最早在寒武纪下部地层中被发现，然后持续存在于寒武纪及之后很长的一段时间里，最终在两亿年前消失。它们在岩石中很常见，这表明牙形动物在远古的海洋里非常繁盛。在特异埋藏化石库中发现的少量完整的牙形动物化石表明，它们从未形成坚硬的骨骼。在寒武纪之后的奥陶纪，坚硬的骨骼才在其他一些脊索动物身上演化出来。

皮卡虫
Pikaia
体长4厘米

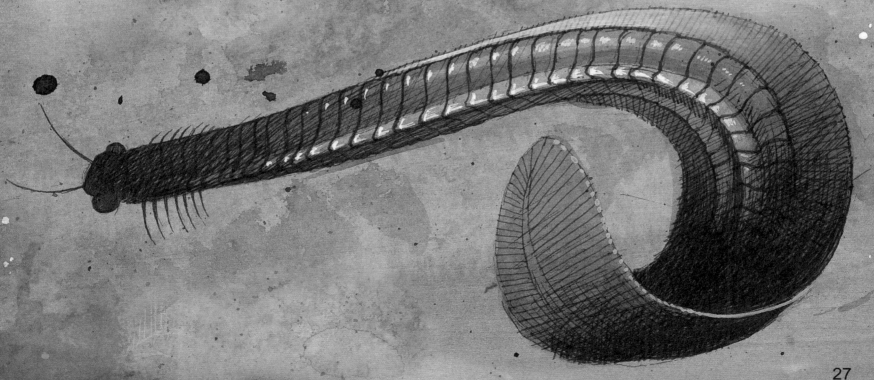

27

最早的鱼

奥陶纪的海洋似乎特别丰富多产。这个时期气候温暖，许多新物种演化出现，包括拥有长锥状壳体的巨型软体动物和可怕的节肢类猎食者。也许正是为了抵抗这些巨大的捕食者，早期脊索动物演化出了具有防御功能的外骨骼。这些骨板像盔甲一样覆盖在它们的头部，用来保护眼睛和鳃等特别容易受伤的部位。

巨型羽翅鲎（hòu）
Megalograptus
体长120厘米

星甲鱼
Astraspis
体长20厘米

萨卡班甲鱼
Sacabambaspis
体长25厘米

巴兰德角石
Barrandeoceras
体长15厘米

对于在水下生活的动物来说，鳃是非常重要、同时又非常脆弱的器官。水生动物呼吸需要的氧气是通过鳃过滤后从水中进入到生物体内的，而代谢出的二氧化碳也从这里排入水中。这种气体交换通过动物的皮肤进行，并且只有非常薄且容易渗透的皮肤才可以。皮肤柔软、呼吸频率低的小型动物通过体表就可以完成它们所需要的气体交换。但是，呼吸频率高、活动量大的动物，或者具有不透气外骨骼的动物，就需要依靠鳃这样由大片薄且柔软的皮肤组成的结构来专门进行气体交换。鳃有多种不同的形状和尺寸，但都很脆弱而且容易受损。

目前已知最早的、覆盖有甲胄的脊索动物的体形都相对较小，体长最大在25厘米左右。它们的甲胄上有些许孔洞，用来作为鳃呼吸的气孔。它们虽然没有鳍，很可能是借助尾巴来游走，但它们仍被认为是世界上最早的鱼类。

与此同时

大量的化石证据揭示了寒武纪和奥陶纪时期海底世界的各种演变。但关于那时候陆地上的生命情况我们却知之甚少。来自古海滩的化石痕迹表明，动物早在寒武纪末期就开始尝试冒险离开海洋，试图在陆地上开拓更广阔的生存空间。这些仍然存在很多谜团的动物被认为是一类已灭绝的节肢动物，叫作直虾类。它们很可能就像现代的鲎一样，平时生活在水下，但会爬上岸，在潮湿的沙子里产卵。

虽然那时基本没有动物能够完全离开水而生存，但陆地上可能已经出现了原核生物和地衣。目前虽然仍没有找到任何化石证据，但对现生植物DNA的研究表明，植物也许也是在寒武纪期间就开始登陆。人们发现的约4.65亿年前奥陶纪中期的孢子化石也证实了当时已有陆生植物存在，这些陆生植物是从水生绿藻演化而来的。一个孢子在合适的条件下可以长成一株新的植物。它们有坚韧的表皮，可以适应在空气中活动，与后来陆生植物产生的孢子很相似。

盔甲防御

奥陶纪的脊索动物如星甲鱼和萨卡班甲鱼演化出甲胄，可能是为了防御一些大型捕食者，例如像巨型羽翅鲎这样的板足鲎类节肢动物和鹦鹉螺类的软体动物。

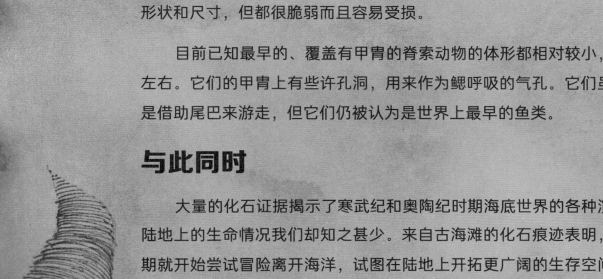

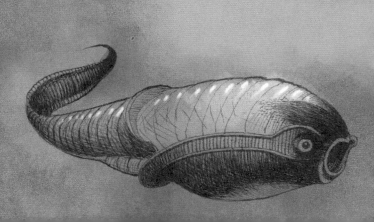

阿兰达鱼
Arandaspis
体长15厘米

颌

正当水下生命蓬勃发展，陆上生命也蓄势待发之时，气候环境又一次发生巨变，生命遭遇新的危机。在约4.45亿年前，随着一次大冰期的来临，奥陶纪步入尾声。寒冷的气候持续了约100万年，而后，气候又突然重新变暖。

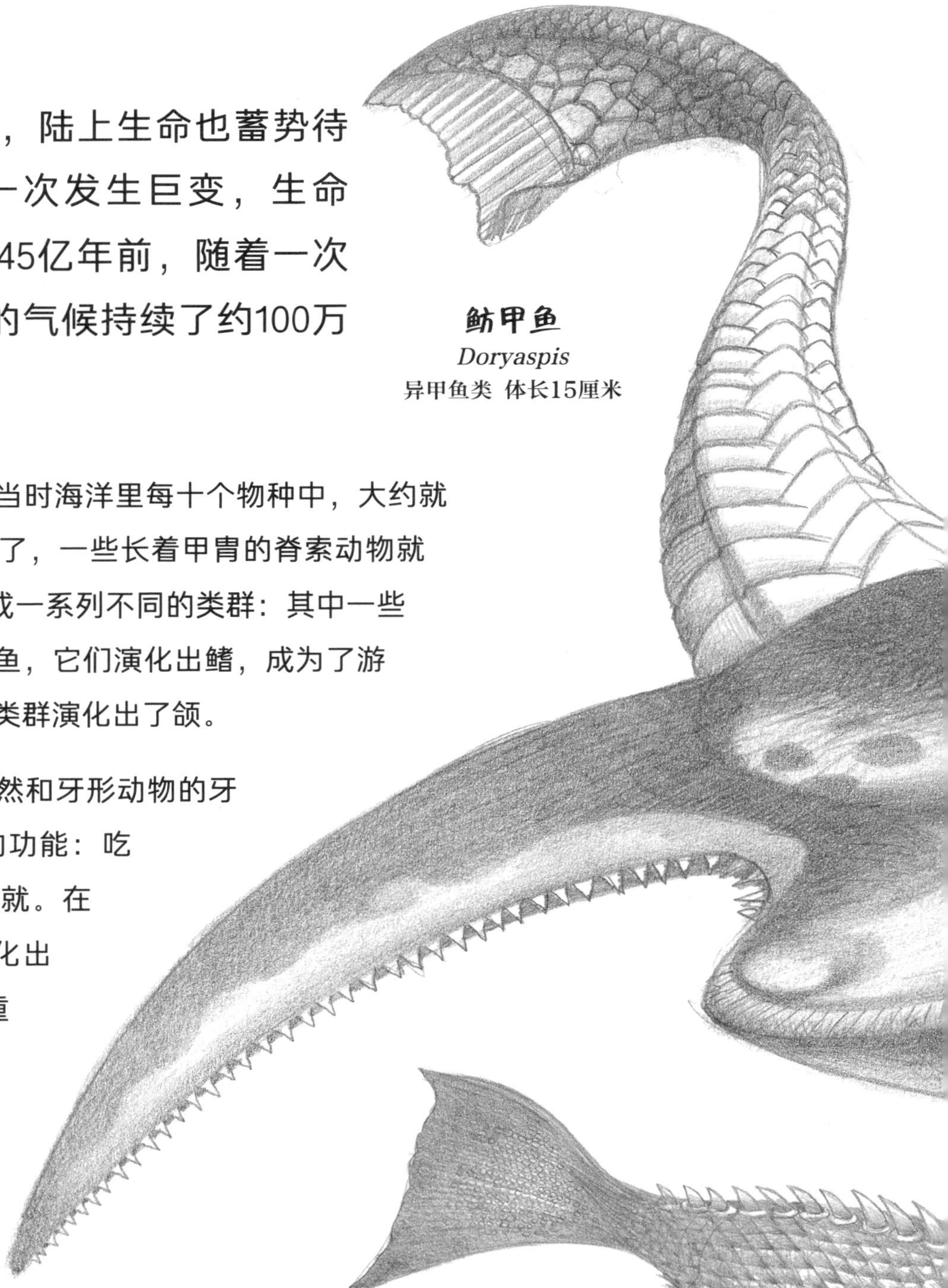

魭甲鱼
Doryaspis
异甲鱼类 体长15厘米

如此剧烈的气候变化带来的影响是毁灭性的：当时海洋里每十个物种中，大约就有九个灭绝。幸运的是，并不是所有的生命都灭绝了，一些长着甲胄的脊索动物就是其中的幸存者。在随后的志留纪时期，它们演变成一系列不同的类群：其中一些被称为异甲鱼，在海底缓慢移动；另一些叫作骨甲鱼，它们演化出鳍，成为了游泳高手。约4.3亿年前，这些新兴脊索动物中的一些类群演化出了颌。

随后，颌上长出了牙齿。这些牙齿在形态上虽然和牙形动物的牙齿有很大不同，但不可否认的是，它们具有相似的功能：吃泥土以外的其他东西。这显然是一个非常巨大的成就。在志留纪和其后的泥盆纪，更多不同的有颌鱼类演化出现。例如盾皮鱼，它们身披与无颌祖先一样的厚重甲胄。又如最早的真骨鱼，它们除了头上有骨甲外，还有坚硬的内骨骼。还有些鱼长着坚硬的似骨质牙齿，披着强韧的皮肤而不是板状硬甲，体内的骨骼由软骨构成，它们是现代鲨鱼和鳐鱼的祖先。

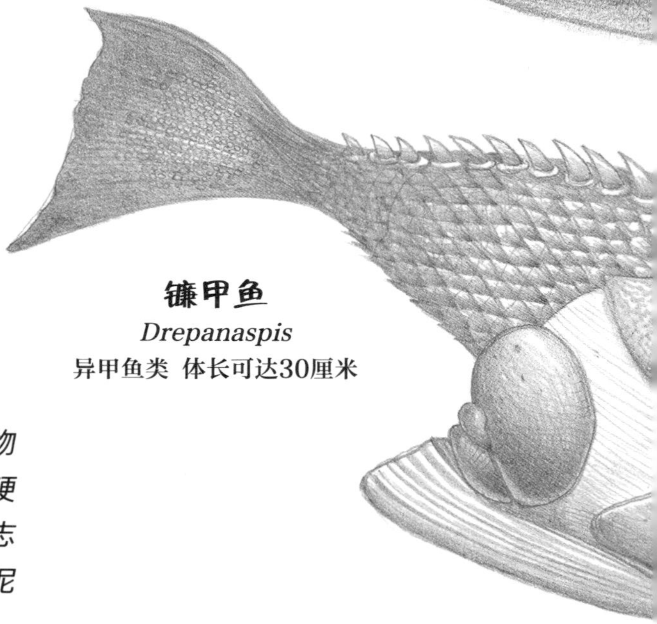

镰甲鱼
Drepanaspis
异甲鱼类 体长可达30厘米

有颌鱼

在志留纪和泥盆纪，脊索动物演化出了许多分支，包括最早的硬骨鱼类。其中，除了环甲鱼是在志留纪晚期出现的，其他类群都于泥盆纪时期出现。

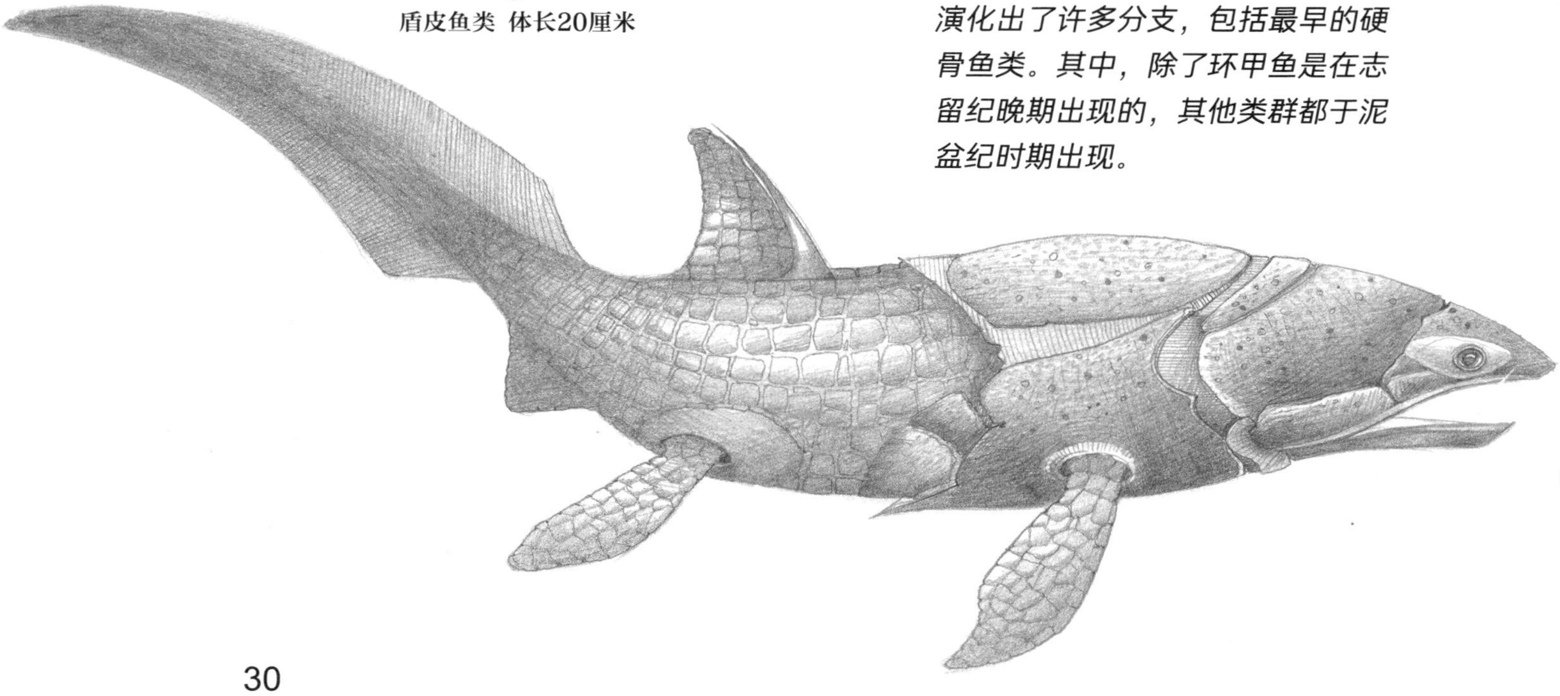

初始全颌鱼
Entelognathus
盾皮鱼类 体长20厘米

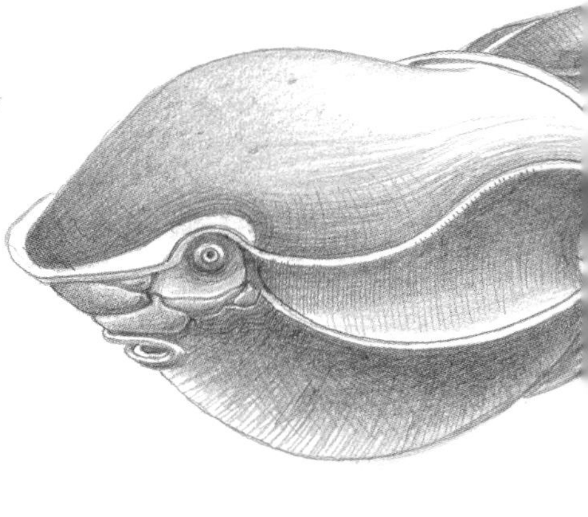

环甲鱼
Anglaspis
异甲鱼类 体长可达15厘米

斑鳞鱼
Psarolepis
硬骨鱼类 体长25厘米

头甲鱼
Cephalaspis
骨甲鱼类 体长20~30厘米

伪鲛
Gemuendina
盾皮鱼类 体长可达100厘米

泥盆纪时期出现了一些体形巨大的鱼类，包括长达6米的邓氏鱼（盾皮鱼类）。

陆地生命的发展

当鱼类逐渐成为水下世界的主宰，陆地上的生命也发生了
变化。在志留纪和泥盆纪早期，植物已经与奥陶纪时期
的祖先不一样，除了孢子化石外，它们还留下了植物体
的遗骸化石。这个时期的植物长得相当小，很多只有
几厘米高，但已经具有分枝的茎干和微小的扁平叶状
结构。它们可能生长在潮湿的地方，产生的孢子或
被雨水溅落到周围，或随风飘散到其他地方。

巴拉曼蕨
Baragwanathia
高可达30厘米

库克逊蕨
Cooksonia
高2厘米

杆蕨
Pertica
高100厘米

工蕨
Zosterophyllum
高50厘米

早期植物

最早的陆生植物长得比较矮小，生长在
潮湿的地方，利用孢子进行繁殖。

34

哪里有植物，哪里就会有动物。现在，动物有了两个很好的理由去陆地开拓生存空间：获取陆生植物提供的全新食物，以及躲避水里的捕食者。当时，陆地生命刚刚开始，陆地上没有什么可怕的捕食者。

几乎可以肯定，最早在陆地上定居的动物是节肢动物。坚韧的外骨骼能够有效地防止水分散失，带关节的腿也让它们能够在陆地上自由地行走。来自寒武纪的直虾类的足迹表明，虽然节肢动物当时并未能在陆地上长期生存，但它们确实已经冒险登上过陆地。现代昆虫的DNA研究则显示，它们的祖先在这一时间可能已经在陆地上生存繁衍，但是目前还没有任何化石证据支撑这一理论。

有确切证据的、最早的陆生节肢动物是多足类。多足类或一类与之相似的动物的足迹化石出现在约4.5亿年前奥陶纪末期的陆相地层（陆地环境沉积下来的地层）中。与它们现生的后代一样，它们可能并不吃新鲜的植物，而是吃植物的腐殖质——植物体死亡腐烂后形成的物质。捕食者也随之而来。化石证据显示，在泥盆纪初期，陆地上已经出现了肉食性的蜈蚣以及一种与蜘蛛相似的生物——蛛形类。蝎子很可能也在这一时期出现。

呼吸

几乎可以肯定，最早的陆生节肢动物是用鳃呼吸的，就像它们的水下祖先一样。纵然它们的外骨骼可以减缓水分蒸发的速度从而实现一定程度的自我保护，但它们仍然不能在离水源太远的区域活动。但是，气体交换组织可以有另外不同的形式，它们能以许多微小管道或袋子的形式藏在生物体内。由于水的密度比空气的大很多，想让水从生物体内某些特定狭小的空间排出或吸入比空气更为困难，因此这种方式无法在水里施展才华，但在陆地上却行之有效。节肢动物在定居陆地的早期就演化出了内部呼吸器官。蜘蛛和蝎子的呼吸器官叫作书肺。其余大多数节肢动物演化出一套更为精细的管状系统——气管，而每一个气管都有一个通向外界的开口——气门。

陆地捕猎

像蛛形类和呼气虫 这样的生物，是早期陆地捕食者中的一员。

黎蝎
Proscorpius
体长4厘米

蛛形类
trigonotarbid
体长0.4厘米

呼气虫
Pneumodesmus
体长1厘米

陆地巨人

据我们所知，在泥盆纪时期，真正的陆生动物都很小，但其他生物就不一样了。

有一种来自那个时期的神秘生物化石，被称为原杉藻。它们是一种巨大的木质真菌或地衣，可以长出高达8米的"树干"，并朝着顶端生出分枝。今天已经没有类似这样的生物存在。

据我们所知，原杉藻在数千万年的岁月里都曾是陆地上最大的生物。在约3.7亿年前，原杉藻灭绝的时候，类似于树的植物已经能长到和它一般高或比它还高。很可能正是由于这些植物的出现导致了原杉藻的消失。现代植物的生长比木质真菌或地衣要快得多。如果当时也是如此，那么这些后来出现的植物很可能长得比原杉藻还高大。它们遮挡住了阳光，也切断了原杉藻的营养供应。

大型生物

最早的大型陆生生物不是植物，也不是动物，而是一种巨型真菌或地衣。像瓦蒂萨这样的植物到后期才能长到和它们差不多的高度。

原杉藻
Prototaxites
高8米

鱼类登陆

在泥盆纪的某个时候，鱼类终于开始尝试登上陆地去开疆拓土。和节肢动物一样，最早的证据并不是真正的生物遗骸化石，而是保存下来的足迹。这些足迹化石是生物在大约3.95亿年前走过泥滩时留下的印记。

直到现在，我们仍然不知道这些生物究竟是什么样子。但显然，它们的体形会很大，因为最大的足迹化石显示足迹的主人至少是个2.5米长的大家伙。

在泥盆纪晚期，各种各样似鱼动物的化石显示，它们已经可以勉强用两对有点像腿的鳍来行走。这就是最早的四足动物。它们的体形虽然没有那些早期的神秘足迹制造者那么大，但大多数的体形也是相当大的，它们的体长能达到一米或更长。它们全部都是捕食者，可能生活在浅水区域，比如大河、沼泽，或者海滨区域。在这些地方，它们既可以在水底滑行，也可以在水中畅游。它们主要还是水生，但其中一些类群也会在陆地上停留一段时间，也许是去寻找食物（但当时陆地无脊椎动物的体形非常小，似乎不太可能被这种大型捕食者当成美餐），也许是去沐浴温暖的阳光，又或许是为了躲避水下的大型捕食者。

和其他动物一样，鱼如果要离开水生存，就必须能够呼吸空气。事实上，似乎有些鱼类在真正开始登陆之前就已经演化出了这种能力。这可能是因为空气中通常比水中含有更高浓度的氧。如果一种动物能直接从空气中获得哪怕一部分氧气，那么和全部从水中获得氧气的动物相比，它的呼吸效率就会提高不少，相应地，这种动物的行动能力也会更强。

最早呼吸空气的鱼可能只是吞下了水面上的气泡，通过喉内膜吸收了其中的氧气。随后，一些类群在喉的后方演化出了一对口袋，用以增加气体交换的表面积。这就是早期的肺，是包括人类在内的呼吸空气的脊索动物的肺部原型。

瓦蒂萨
Wattieza
高8米

棘螈
Acanthostega
体长60厘米

锄头螈
Eucritta
体长25厘米

四足征程

拥有了可呼吸空气的肺和可行走的两对足，四足动物似乎已经做好了占领陆地的准备。但就在这时，和奥陶纪末期一样，灾难又一次来临。在泥盆纪末期大约300万年的时间里，可能火山活动大幅增加，引发了一系列灾害事件。许多生物灭绝了，其中包括目前已知的所有四足动物。有意思的是，陆地上的植物和节肢动物受到的影响似乎要小得多。

彼得普斯螈
Pederpes
体长100厘米

在泥盆纪之后的石炭纪早期，四足动物的化石非常稀少。这些稀少的化石显示在灾难发生之后不久，一批全新的四足动物出现了，其中一些比泥盆纪的四足动物要小得多。

这些石炭纪早期的四足动物是多种多样的。有相当一部分主要或完全是水生的，但也有一些，尤其是那些体形较小的，似乎大部分时间都生活在陆地上。如同地质历史上的其他时期一样，有一些物种可能没有留下任何化石，或者到目前为止它们的化石还没有被发现。这其中就有一种体形较小、主要生活在陆地上的四足动物，它被认为是现生所有四足动物的祖先。现生四足动物就是我们现在所熟悉的两栖类、爬行类、鸟类和哺乳类动物。

一种全新的卵

石炭纪早期的四足动物，和其他大多数动物一样都是卵生而非胎生。仅这一点就足以使它们无法远离水源，因为它们的卵并不适合产在陆地上。所有卵的外膜都必须具有渗透性，从而使内部的胚胎能够获得呼吸所需的氧气。因为水中的氧气浓度不高，所以在水中发育的卵需要具有高渗透性的外膜。但是到了陆地上，这样的外膜会让卵很快就脱水干透。最早的四足动物产的就是这种卵，也许和现在的蛙卵类似——青蛙继承了水生祖先的这一特征。

在石炭纪的某段时间，至少有一种四足动物的卵演化为离开水仍可以存活，这就是羊膜卵。它覆盖有一层薄膜，在允许气体进出的同时，还可以将大部分水保留在内部。这是一个了不起的革新，正是这一革新引领真正的陆生四足动物演化出现，这类动物也被称为羊膜动物。

已知的最古老的羊膜动物化石是一种像蜥蜴一样的小型生物，它们已经具有非常适合攀爬的爪。其中一些是在树干化石中发现的，例如石炭纪晚期的林蜥。这些化石表明它们在树上生活，以昆虫为食。

林蜥
Hylonomus
体长20厘米

羊膜动物与非羊膜动物

石炭纪早期见证了非羊膜四足动物，如锄头螈和彼得普斯螈是如何征服陆地的。后期，羊膜动物如林蜥从非羊膜动物演化出来。

在石炭纪的大部分时间里，大片的陆地被茂密的森林覆盖。森林里栖息着大量的节肢动物，比如体形巨大的节胸蜈蚣和巨脉蜻蜓。

高产时代

早期的陆生四足动物，尤其是最早的羊膜动物，是生命演化史中非常重要的一环。可以说，如果当时没有它们，现在就不会有我们人类。但是在石炭纪的森林生态系统中，它们似乎并未扮演非常重要的角色。

它们的化石稀少，而且大多是些小型动物，体长一般只有20厘米到30厘米。它们在数量上远远超过种类繁多的节肢动物。节肢动物或在地上奔跑，或在树林间攀爬，或在天空中飞翔，它们吃植物、真菌，或其他节肢动物。其中一些物种，例如可以长到两米长的节胸蜈蚣，比当时任何一类陆生四足动物都要大得多。

当然，节肢动物的数量也很多。可以说，在石炭纪的大部分时期物种都非常丰富。在远离极地的区域，气候通常炎热湿润，空气中氧气含量很高。大部分陆地都覆盖着茂密而潮湿的森林，里面生活着数量丰富的、各种各样的生物。这些森林制造了大量的有机碳——随着树木或其他植物不断死亡，有机碳就会在地面上堆积起来。这就是我们今天使用的大部分化石燃料的来源（石炭纪的名字即源于此）。

虽然陆生四足动物长得都很小，但一些水生或栖息于湿地、沼泽的四足动物却拥有相当大的体形。它们都是非羊膜动物。在石炭纪末期，一些体长可达两米的陆

方头螈
Spathicephalus
体长超过1米

42

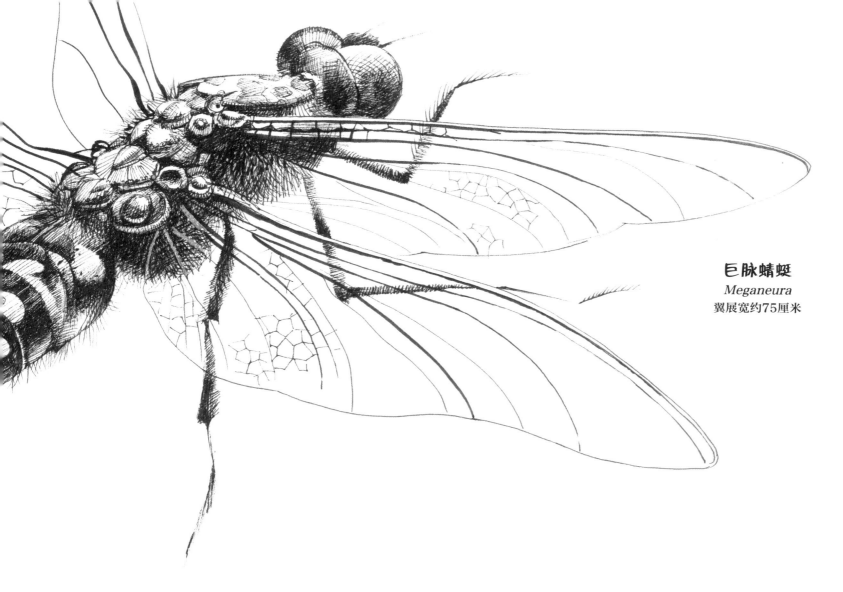

巨脉蜻蜓
Meganeura
翼展宽约75厘米

生四足动物出现了，其中包括一些植食性动物。在此之前，所有的四足动物似乎都是食肉的。它们长有锋利的牙齿和强有力的颌，十分适合捕捉猎物。这些大型陆生四足动物也全都是非羊膜动物。不过它们被认为与羊膜动物拥有共同的祖先，都源自石炭纪早期同一种四足动物。

陆生四足动物的崛起可能得益于气候的变化。在石炭纪末期，气候明显变得干燥阴冷，雨林的面积也急剧减少，这些变化标志着地球历史进入了一个新的阶段。

陆与水

在石炭纪时期，体形最大的四足动物是那些从陆地重新回到水中生活的物种。此时，节肢动物包括像巨脉蜻蜓这样的昆虫，在陆地上占据优势地位。

湖龙
Limnoscelis
体长可达1.5米

移动的大陆

现在认为，石炭纪末期的气候变化是由大陆板块的大规模移动造成的。

在石炭纪的绝大部分时间里，南半球上有一块面积很大的陆地，叫作冈瓦纳大陆。在北半球，几块大陆缓慢移动，并拼合在一起形成劳亚大陆。石炭纪末期，劳亚大陆与冈瓦纳大陆融合，最终形成了一个的超级大陆——泛大陆。

在石炭纪结束后的二叠纪初期，泛大陆从北极一直延伸到南极。在靠近海洋的区域，气候仍然湿润，但其他很多地区则是非常干燥的，与现在的戈壁和沙漠一样。相较于其他动物，那些远离水环境也能生存的动物能更好地适应当时的环境。故而，羊膜动物类群会在这个时期开始繁衍扩大也就顺理成章。与此同时，非羊膜四足动物并没有消失。在沼泽、湿地和河流等潮湿的地方，很容易就能发现它们的身影。

在石炭纪末期或二叠纪初期，羊膜动物演化出了两个分支：合弓纲和蜥形纲。这两个分支的成员最初看起来十分相似，但是通过它们的头骨形态仍然可以将它们区分开来。随后，它们两支将走上不同的演化历程，先后成为主宰这片陆地的大型动物。

在二叠纪时期，合弓纲动物迎来了它们的繁盛时刻。它们演化出了多种类型，包括体形庞大却拥有一个娇小头部的植食性动物和一系列可怕的肉食性动物。当时大部分蜥形纲动物的体形都很小，主要是类似蜥蜴的肉食性动物，直到二叠纪晚期，体形巨大的植食性蜥形动物才出现。

丽齿兽
Gorgonops
肉食性合弓纲 体长可达2米

泛大陆

盾甲龙
Scutosaurus
植食性蜥形纲 体长2.5米

二叠纪泛大陆

二叠纪期间，在泛大陆这个超级大陆上居住着种类繁多的合弓纲动物和蜥形纲动物。

熊颌兽
Arctognathus
肉食性合弓纲 体长1.1米

中龙
Mesosaurus
水生蜥形纲 体长1米

空尾蜥
Coelurosauravus
可滑翔的蜥形纲动物 体长40厘米

杯鼻龙
Cotylorhynchus
植食性合弓纲 体长6米

灾难

二叠纪持续了大约5000万年。合弓纲动物的发展形势一片大好，似乎没有理由不继续称霸陆地——如果地球没有突然遭受可能有史以来最严重的一次灭绝危机，使合弓纲动物的统治之路随二叠纪一起结束的话，它们很可能就做到了。

幸存者

在二叠纪末的大灭绝中，幸存下来的动物很少。幸存者中包括陆地上的合弓纲动物，如水龙兽（图右）和麝喙兽（图左）。

这场灾难对陆地和海洋都有影响。在陆地上，有三分之二的四足动物灭绝，而在海洋中，有90%甚至更多的物种灭绝，诸如三叶虫等一些曾经在海洋历史中占据一席之地的重要种群也在这次事件中完全消失。

有意思的是，这次灭绝事件与泥盆纪末期的生物灭绝事件相似：虽然也有一些重要的植物消失，比如一种叫舌羊齿的类群，它是二叠纪时期泛大陆南部主要的树型植物。但整体而言，陆地植物受到的影响似乎要比动物受到的影响小。

灭绝的发生与当时西伯利亚地区大规模增加的火山活动基本是同步的。起初，火山喷发导致大量熔岩在陆地上流淌。这对当地的所有生物造成了毁灭性的伤害，但对其他区域的影响就微乎其微了。随后，熔岩开始在地表之下向更大范围的区域漫延，致使大量的甲烷和二氧化碳被释放到大气中，进而导致地球温度急剧上升，上升幅度达到10℃甚至15℃。似乎正是这一环境的巨变最终引发了这场生物灭绝。

有少量的动物在这场毁灭性的灾难事件结束后开始繁盛起来。比如在陆地上，有一种特别的植食性合弓纲动物——水龙兽，它的数量迅速变多。化石证据显示，它在灾难后的几百万年里是最为常见的大型羊膜动物。虽然也有其他的一些幸存者，包括一些肉食性动物比如以水龙兽为食的麝喙兽（一种合弓纲动物）和古鳄（一种蜥形纲动物），以及一些主要以昆虫和其他节肢动物为食的体形较小的类群，但它们的化石远没有水龙兽那般常见。

主龙崛起

地球逐渐从二叠纪末大灭绝的灾难中恢复。在随后跨越数千万年的三叠纪里，新的物种从幸存物种中演化出现，替代了那些在大灭绝中消失的生命。

陆地新生物种中包括新的合弓纲动物和蜥形纲动物。在二叠纪里，体形最大的羊膜动物全部属于合弓纲。到了三叠纪，体形最大的植食性动物仍然来自合弓纲动物，但最大的肉食性动物却被蜥形纲占据，它们是一个被称为主龙的类群。

主龙类的成功很可能归功于它们移动的方式。在它们之前，生活在陆地上的四足动物，不论是羊膜动物还是非羊膜动物，它们的四肢通常从身体侧面伸出，像现代蜥蜴一样四肢匍匐前行。这不仅限制了它们移动的速度，同时也意味着受制于胸腔内骨骼和肌肉的排列方式，它们不能在奔跑的同时进行呼吸。尤其是那些体形较大的动物，它们行动缓慢而笨拙，而那些体形小、重量轻的动物，每爬行几步也不得不停下来喘口气。

蜥鳄
Saurosuchus
体长6~9米

真双齿翼龙
Eudimorphodon
翼展可达1米

主龙类的四肢则近乎垂直地向下伸出，紧紧地收拢在身体下方。这使它们比当时其他陆地四足动物跑得更快。它们还可以一边呼吸一边奔跑，这意味着它们在奔跑途中无须时不时地停下休整，可以持续奔跑更长时间。由此，捕食者具有了一个巨大的优势，它们可以轻松地追上陆地上的其他动物。在三叠纪，许多不同种类的肉食性主龙演化出现，其中体形最大的被称为拟鳄类——一类长着巨大头颅和强健四肢的恐怖掠食者。

最早的主龙类是四足动物，它们用四条腿来行走和奔跑。随后，一些类群在行走时使用四条腿，但在奔跑时就直起身子，仅使用两条后腿，并运用它们的长尾巴来保持平衡。再后来，陆地上出现了行走和奔跑都只使用后腿的类群，这就是最早的两足动物。与此同时，还有一些类群做到了更神奇的事情：它们开始飞行。

飞龙在天

早在二叠纪时期就有四足动物尝试征服天空，比如蜥形纲的空尾蜥。但它们和自己的近亲韦格替蜥，都只做到了滑翔。最早的具有完全飞行能力的四足动物是翼龙。最古老的翼龙化石来自三叠纪晚期。这个时期它们已经演化为真正的翼龙。但是，翼龙的飞行能力也许在三叠纪的早些时候就已经演化出现。只是由于和其他飞行生物一样，它们的骨头长得纤细脆弱，极难变成化石留存下来，所以目前还没有发现更早的"飞龙"化石也就不足为奇了。

陆地与天空

三叠纪时期，蜥形纲主龙类演化出了数量众多的类群，包括会飞的翼龙和大型的掠食者——拟鳄类。

恐龙的早期形态

体形巨大的拟鳄和飞翔的翼龙并不是三叠纪唯一繁盛的主龙类动物。在三叠纪的后半段，地球上出现了一些体形较小、体重较轻的新动物类型。

它们最大不过两到三米长。有些是四足动物，在行走和奔跑时很可能用的是四条腿，另一些则是两足动物。和其他的主龙类一样，它们的腿都紧紧地收拢在身体下方，但是腿和身体的连接方式已有所不同。它们的髋臼不像其他主龙类那样笔直向下，而是向外侧倾斜，这样的身体构造会让它们变得更加敏捷。

与体形最为巨大的拟鳄类相比，虽然它们似乎并不是那么地令人印象深刻，但它们绝对是非常高效的捕食者。它们在演化进程中也扮演着重要角色，是迄今为止在许多方面都最为成功的一类大型动物——恐龙——的早期形态。

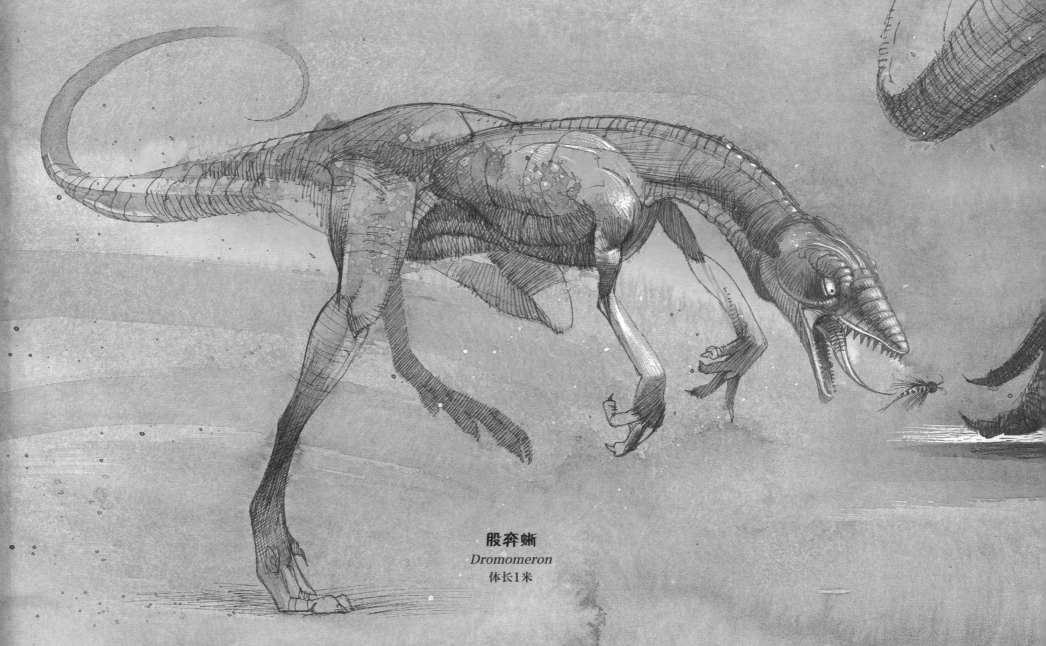

股奔蜥
Dromomeron
体长1米

尼亚萨龙
Nyasasaurus
体长2~3米

小型恐龙初登场

最早的恐龙，或者类似恐龙的主龙，它们长得都非常小，动作敏捷，体形范围从30厘米到几米不等。

马拉鳄龙
Marasuchus
体长20~40厘米

哺乳动物的早期形态

在陆地上，除了像恐龙和拟鳄这样占主宰地位的蜥形纲捕食者，还生活着一些合弓纲捕食者，它们被称为犬齿兽。它们几乎都是小型动物，体长只有几厘米或几十厘米，可能以昆虫或其他节肢动物为食。

犬齿兽有一些不同寻常的特征，包括拥有四种不同类型的牙齿。而生活在这个时期的其他四足动物或者没有牙齿，或者仅有非常简单的牙齿。犬齿兽的视觉、嗅觉和听觉可能都很好，它们的四肢很灵活，肺也长得比较大，这就意味着它们可能特别的活跃和敏捷。与此同时，或许也是最为重要的，它们很可能比当时的其他动物能更好地控制自己的体温。

保持体温恒定

对于动物来说，能够控制体温是非常重要的。活细胞只能在特定温度范围内正常工作。如果太热，细胞内的化学物质将会开始分解，从而导致细胞死亡；如果太冷，细胞内化学反应的速率就会降低，最终导致整个细胞完全停止工作。动物有许多不同的方法让自己的身体以及组成身体的细胞保持在一个合适的温度。

许多动物通过不同的行为来控制体温。例如，它们会去阳光下取暖，或去阴凉处降温。当夜晚或冬天，环境

摩尔根兽
Morganucodon
体长10厘米

温度变得很低的时候，不少动物会停止活动，让体温随之降下来，甚至进入休眠。

另一些动物则会利用细胞内化学反应产生的热量让体温高于环境温度。有些动物的体内具有"恒温器"，以确保它们的身体能始终维持在一个特定的温度。维持恒温需要消耗大量的食物。但与此同时，这也让它们在其他动物只能蛰伏休息的时候，比如夜晚，也仍然可以活动自如。自身能产生热量的动物被称为恒温动物，不能的被称为变温动物。现在的恒温动物主要是哺乳类和鸟类。

虽然不能完全确定，但至少有一部分的犬齿兽是恒温动物。而且几乎可以确定，到了三叠纪中期，也就是约2.2亿年前，一类身覆皮毛并且通过生产乳汁来哺育幼崽的动物类群出现了。它们就是最早的哺乳动物。

最早的恒温动物？

犬齿兽这种早期的哺乳动物，也可以被称为似哺乳动物，它们出现在约2.05亿年前的三叠纪末期。几乎可以肯定，它们是恒温动物。

包括像霸王龙这样的捕食者在内，恐龙在侏罗纪
和白平纪长达135亿年的岁月中一直都是陆地上

恐龙时代

在哺乳动物出现之后的数千万年里，它们的体形仍旧很小，对生物界的影响有限。相较而言，恐龙在约2亿年前的三叠纪末期就已经颇具影响力了。那时，陆地上出现了一些长达10米的大型植食性恐龙，它们取代了早先常见的大型植食性合弓纲动物。当时也有一些大型的肉食性恐龙，但陆地上最大的肉食性动物仍然是拟鳄类。

然后在很短的时间内——可能是几千年，甚至可能更短——这种情况改变了。又一次全球性的大灭绝事件发生了，海洋和陆地的生物均未能幸免于难。如同二叠纪末重现一样，火山活动非常活跃。随着泛大陆这块超级大陆的分崩离析，大规模的火山开始喷发，产生的温室气体使大气升温，酸雨频发，海洋大部分区域的含氧量下降。

所有的大型拟鳄类猎食者和几乎所有的大型非羊膜四足动物都灭绝了，许多恐龙也灭绝了。但同时，这场灾难也给幸存者提供了繁衍扩张的机遇。在地球历史的下一个时期——侏罗纪伊始之际，新的恐龙种类迅速演化出现，包括各种形态和大小的肉食性与植食性恐龙。

在接下来的侏罗纪及其后的白垩纪的1.35亿年里，各种类型的恐龙演化更替，你方唱罢我登场，但恐龙这个群体的统治地位始终未曾改变。研究显示，当时的恐龙种类并不算特别多——每个时期最多也只有几十或几百种，在整个恐龙的生存历史中可能有两千多种——但它们却是陆地上的绝对霸主。它们可分为三个主要类群*：蜥脚类——长着长尾巴、长脖子、小脑袋和四条柱状的腿，吃植物；兽脚类——几乎都是两足行走，有植食性也有肉食性的；鸟臀目——有些类群四足行走，有些两足行走，大多数是植食性的。

*前两类，蜥脚类和兽脚类组成蜥臀目——译者注

三角龙
Triceratops
鸟臀目 体长9米，高3米

伶盗龙
Velociraptor
兽脚亚目 体长1.8米，高0.5米

副栉龙
Parasaurolophus
鸟臀目 体长11米，高5米

腕龙
Brachiosaurus
蜥脚亚目 体长30米，高12米

甲龙
Ankylosaurus
鸟臀目 体长6米，高1.5米

飞翔的恐龙

大多数恐龙的体形很大，有些甚至是巨型的——最大的蜥脚类恐龙是迄今为止在陆地上生存过的最大动物。当然，恐龙中也有一些体形较小的，尤其是一些兽脚类。大约在1.6亿年前的侏罗纪，小型兽脚类的一个分支出现了，之后它们慢慢演化成为今天最常见的动物类群之一：鸟类。

鸟类具有两个与众不同的特征：它们大多可以飞行，且具有其他现代动物所没有的羽毛。这两者之间是相关联的——鸟类使用前肢（翅膀）上专门演化出来的羽毛进行飞行。在这一点上，它们不同于其他会飞的四足动物，比如当时的翼龙和现在的蝙蝠等，这些四足动物用来飞翔的翅膀是由可延展和收缩的皮肤构成的。

作为鸟类的祖先，早期兽脚类恐龙虽然身披羽毛，但却不会飞。事实上，它们也并不是唯一有羽毛的恐龙。研究显示，可能所有的兽脚类，包括像霸王龙这样的巨型捕食者，以及至少一部分鸟臀类恐龙，都有羽毛，但蜥脚类可能没有羽毛。恐龙的祖先主龙类也可能有类似的羽毛。

最早的羽毛可能是中空的，结构简单，形状像线一样。目前，我们仍不清楚它们究竟作何用途——可能是雄性在求偶时用来展示的，也可能像哺乳动物的皮毛一样是用来隔热保暖的。

在某个时候，一些兽脚类在四肢上演化出了更长的、更强健的羽毛，这可能是为了帮助它们在跳跃时可以在空中停留更长的时间。这是恐龙迈向飞行的一小步。毫无疑问，它们最初的飞行是相当缓慢而笨拙的。最早开始飞行的兽脚类恐龙的前肢和后肢上似乎都长有飞羽，而随后演化出来的种类只在前肢上才有飞羽。它们是现代鸟类的先驱。

始祖鸟
Archaeopteryx
翼展0.5米

早期鸟类

  在所有的早期龙鸟中，最著名的是始祖鸟。始祖鸟生活在约1.5亿年前的侏罗纪末期。和其他早期龙鸟一样，它们飞起来可能既慢又笨拙。

缅甸古蜂
Melittosphex
体长3毫米

古书带木
Paleoclusia
花径4毫米

龙影之下的生命

对人类这个旁观者来说，侏罗纪和白垩纪时期的陆地生物看起来既陌生又熟悉。虽然当今地球上并没有像大型恐龙或翼龙那样的生物，但是在那个时代，特别是在白垩纪，有一些动植物看起来和它们生活在今天的后代惊人地相似。

授粉

第一朵花直到白垩纪才出现。它们长得很小，可能是由最早的、体形也很小的蜜蜂来进行授粉。

这其中有小型的飞行恐龙，我们现在称之为鸟类；还有鳄鱼，它们属于鳄形类，是主龙家族的一名成员。当时也有蜥蜴和乌龟，它们是首现于三叠纪时期的蜥形纲动物。在白垩纪的某个时候，蛇也从蜥蜴一脉演化出现。

那时还有各种各样的哺乳动物。它们大多是身长几厘米、体重几克的类似小鼩鼱的动物，但也有一些体形较大的种类——体长可能将近1米，体重达到几千克，其中一些可能会捕食刚孵化的小恐龙。一般认为，所有的，或者说绝大多数的哺乳动物在夜间活动，白天则躲在洞穴、树洞或其他安全的地方。除了哺乳动物这样的合弓纲动物，侏罗纪时期也有一些非哺乳类的合弓纲动物，不过它们被认为在白垩纪早期完全灭绝。

残存下来的大型非羊膜类四足动物在白垩纪早期也消失了。只有一些体形较小的类群存活了下来，它们被称为滑体两栖类，包括青蛙、蟾蜍、蝾螈、鲵、蚓螈（一类没有腿、身体像蠕虫或蛇一样的动物）以及长着鳞片、类似蝾螈的阿尔班螈类。

在这个时期，软体动物已经在陆地上占据一席之地，主要包括各种各样的蜗牛或者蛞蝓。那时很可能也有蚯蚓，尽管目前尚未发现确切的蚯蚓化石。此时，在节肢动物中，最早的蝴蝶和蛾子已经出现，它们很可能是三叠纪的一种石蛾的后代。

此时陆地上最重要的植物是蕨类、种子蕨和针叶树（如松树、红豆杉和智利南洋杉等）。种子蕨现在已经灭绝，但其他植物类群延续至今，而且它们现在的形态与当时几乎完全相同。在约1.25亿年前，第一朵花出现。紧随其后出现的是一类全新的、专门为花朵授粉的昆虫：蜜蜂。而现代非常重要的动物类群——蚂蚁，也在白垩纪出现，它们是黄蜂的后代。

海洋巨霸

有意思的是，恐龙从未进入过海洋。当它们主宰着陆地时，其他生物在海洋里蓬勃发展。

它们中的大多数是真正的水生动物，用鳃在水下呼吸。

它们是非四足类的脊索动物，包括鲨鱼、鳐鱼这些软骨鱼以及各种各样的硬骨鱼。海洋中还有许多节肢动物，特别是甲壳类动物（如螃蟹、龙虾等）和海洋软体动物如菊石——一种带壳动物，最早出现在泥盆纪，与乌贼和章鱼有亲缘关系。此外，海洋中还有珊瑚、海绵、海星和腕足类动物。事实上，所有出现在寒武纪的动物门类在这个时期的海洋中都可以找到相应的代表。

在这些水生动物中，有一些种类体形非常庞大：比如长有壳的、直径能达到两米的菊石；还有一种来自侏罗纪的硬骨鱼——利兹鱼，它们可以长到十六米长甚至更大。不过，根据化石记录显示，当时海洋中大多数的大型动物是用肺呼吸的各类蜥形纲四足动物。它们的祖先曾生活在陆地，而后适应了水中的生活，曾经的腿演化为鳍状肢。

这一类中最先崭露头角的是三叠纪时期的鱼龙，正如其名，它们的外形像鱼。其中萨斯特鱼龙是有史以来最大的动物之一，可以长到20米长。在侏罗纪和白垩纪，鱼龙很大程度上被其他各种海洋蜥形纲动物取代，其中包括短颈巨颌的上龙和长脖子的蛇颈龙。沧龙是另一个取而代之的类群，它们是有史以来体形最大的蜥蜴类*动物，可以长到17米长甚至更大。

地蜥鳄
Metriorhynchus
侏罗纪 鳄形类 体长3米

薄片龙
Elasmosaurus
白垩纪 蛇颈龙类 体长14米

水下

在恐龙统治整个陆地的时候，生活在海洋中的非恐龙蜥形纲动物也非常繁盛。

*上龙类、蛇颈龙类、蜥蜴类都属于非恐龙蜥形纲动物。——编者注

62

大眼鱼龙
Ophthalmosaurus
侏罗纪 鱼龙类 体长6米

沧龙
Mosasaurus
白垩纪 蜥蜴类 体长15~18米

大型生物时代落幕

恐龙统治了陆地1.35亿年。在这期间，大陆本身也经历了巨大的变化，其中最为重要的是泛古陆这个超级大陆的解体分离。泛大陆解体后形成了今天各个大陆的前身。

在白垩纪末期，南半球包括五块大陆——我们今天称之为非洲大陆、澳洲大陆、南极洲大陆、南美洲大陆和印度次大陆。这些大陆在当时差不多都是孤立的岛屿，但在不久之后，印度板块与亚洲板块拼合在了一起，在这个过程中，喜马拉雅山崛起。在北半球，陆地更为广袤，形成了广阔的劳亚大陆——后来分裂成为北美大陆和欧亚大陆（欧洲和亚洲连在一起形成）。恐龙曾生活在以上所有地区（甚至包括南极洲），似乎没有什么能够阻碍它们这样一直延续下去。

然后，突然地，一切都变了。在6600万年前，除了鸟类以外，所有的恐龙都消失了，其他大多数大型动物和许多小型动物也消失了。翼龙消失了，所有的大型海洋爬行类和菊石也消失了。已有大量的证据表明，这一切是因为一颗直径约为10千米的巨大小行星，在墨西哥湾撞上了地球。这次小行星撞击可能引发了一段时间的持续酸雨，这使得气候变冷，并杀死了恐龙和其他动物赖以生存的许多植物。当时整个世界可能到处燃起了毁灭性的大火，大气中可能充满了黑色颗粒物，它们遮蔽了阳光，从而阻碍了植物的光合作用。小行星撞击也可能引发了大量的火山活动，而这些火山活动导致环境发生重大变化，比如温度快速升高，让大型动物无法适应。

不论引起这次大灭绝的确切原因是什么，从地质学的角度来看，这次灭绝发生在很短的时间内——几乎可以肯定不会超过几万年，甚至更短。但是，如同二叠纪末的大灭绝一样，这已经足以改变生命演化的进程。

哺乳动物时代

在大灭绝之后，有一类羊膜动物注定要像恐龙一样主宰这个世界——尽管在当时还没有显露出来任何迹象。这一类群就是哺乳动物。

威马奴企鹅
Waimanu
早期企鹅 高65~100厘米

当然，它们并不是在小行星撞击中幸存下来的唯一动物，甚至也不是唯一的四足动物。在非羊膜动物中，有一些滑体两栖类存活了下来。其中阿尔班螈类在约250万年前灭绝了，但剩下的类群——青蛙、蟾蜍、蝾螈、鲵和蚓螈——繁衍至今。

在羊膜动物中，主龙类的两个分支——鳄类和我们称之为鸟类的那部分恐龙，以及一些非主龙类的蜥形纲动物，幸存了下来。在这些动物中，水生乌龟、陆龟、蛇、蜥蜴和一类叫楔齿蜥的类蜥蜴动物一直存活至今。另一类长得很像鳄鱼的蜥形纲动物——离龙类，虽然在大灭绝中得以幸存，但最终在2000万年前灭绝了。

哺乳动物中有几个类群延续到了白垩纪之后的古近纪，其中，单孔类、有袋类和真兽类——这三类一直延续到了今天。以针鼹和鸭嘴兽为代表的单孔类是一类特殊而神奇的动物类群。它们产卵，而不是像其他现存的哺乳动物那样产崽。有袋类动物如袋鼠、袋熊和负鼠，会产下非常幼小的"早产儿"。大多数有袋类母亲都有一个育

撞击之后

许多不同类群的四足动物成功在白垩纪末期的小行星撞击及其余波中幸存下来。它们将成为构筑现代生物面貌的基础。

古中兽
Chriacus
真兽类 体长1米

渔龟
Hydromedusa
龟类 体长可达40厘米

纹齿兽
Taeniolabis
多瘤齿兽类 体长1.2米

冠恐鸟
Gastornis
不飞鸟 身高2米

鳄龙
Champsosaurus
离龙类 体长可达3.5米

阿尔班螈
Albanerpeton
滑体两栖类 体长10厘米

儿袋，可以让"早产儿"在里面继续生长发育。真兽类是一个由现存绝大多数哺乳动物包括人类组成的类群。它们产下的幼崽一般发育得更完全，体形也相对较大。

在其他幸存下来的哺乳动物中，数量最多的是多瘤齿兽类。它们在恐龙时代已相当成功，在新时代里这个类群继续不断壮大。在世界上许多地方，最常见的古近纪哺乳动物化石就是多瘤齿兽。但在古近纪之后，这个类群逐渐变得越来越稀少，并在约1700万年前完全消失。

大型恐龙的灭绝给了像重脚兽这样的哺乳动物机会，使它们得以繁衍扩张，主宰陆地。

精彩而独特的 生命

进入古近纪，幸存下来的哺乳动物在不同地区经历着不同的演化历程，留下了至今仍然显而易见的物种遗产。在劳亚大陆，有袋类动物和多瘤齿兽类动物最初非常繁盛，但最终还是灭绝了。与此同时，两个真兽类动物群体——劳亚兽总目和灵长总目，在这片土地上逐渐繁衍壮大。现代哺乳动物中有十分之九的物种都属于这两个类群，人类就是灵长总目中的一员。

在南美洲，有袋类动物和与它们亲缘关系近的类群占据优势地位，它们被统称为后兽类。其中的许多动物现在已经灭绝，包括一类被称为袋犬兽的可怕捕食者。但仍有一些体形较小、被称为负鼠的物种存活了下来。在南美洲真兽类中，有一个独特的劳亚兽类群也很繁盛，它们以植物为食，被称为南蹄目动物，是现代马和犀牛的近亲。但它们最终也灭绝了，消失在1万年前。生活在南美洲的还有贫齿目动物，这类动物目前只出现在这里，和它们亲缘关系比较近的现代动物是树懒、犰狳和食蚁兽。

钝兽
Barytherium
早期大象 非洲 体长3米

鬣齿兽
Hyaenodon
劳亚兽 劳亚大陆
体长3米

袋剑虎
Thylacosmilus
袋犬兽 南美洲 体长1.2米

70

非洲也有自己独特的真兽类群：非洲兽。它们在现代动物中的代表是大象、海牛和一些体形较小的动物，如土豚。澳大利亚和附近的新几内亚被合称为澳大拉西亚，这里迄今仍然是世界上物种最具特色的地方。这是唯一一个有袋类动物占据主宰地位的地区，也是唯一一个有单孔类动物幸存的区域。

在古近纪早期的大部分时间里，所有的哺乳动物长得都很小。数百万年后，体形较大的哺乳动物种类开始出现。据我们所知，最先出现的是来自劳亚大陆和南美洲的一种笨重而又奇特的动物。不过，这些动物最终都消失了，取而代之的是一些新的类群，如一类叫鬣齿兽的肉食性劳亚兽类和一种叫作钝兽的早期大象。在古近纪末及随后的新近纪，体形更大的陆生哺乳动物出现了，其中包括现代犀牛和大象的近亲，它们的体形与恐龙不相上下。然而，无论是那时还是现在，体形最大的哺乳动物都生活在海洋里。

多样而绚烂的生命

在古近纪和新近纪，每个大陆上都生活着独具特色的哺乳类动物群。

丘普拉西亚
Chulpasia
有袋类 南美洲
体长20厘米

更猴
Plesiadapis
灵长类 劳亚大陆
体长80厘米

古翼蝙蝠
Palaeochiropteryx
劳亚兽 劳亚大陆
翼展25～30厘米

71

重返海洋

据我们所知，有史以来最大的动物是现今仍然生活在海洋里的哺乳动物——蓝鲸。鲸、海豚和鼠海豚同属于鲸目，是古近纪时生活在今天南亚地区的一种劳亚兽的后代。

目前所发现的最早的原鲸大约出现在5000万年前。那时的它们还是四足动物，大小和狐狸或狼差不多。无论是在陆地还是在水中，它们都能很好地适应。它们可能是杂食性的，以植物和动物为食。

然后，经过几百万年的演化，可以完全在水里生活的鲸类出现了，它们的体形比它们的祖先要大得多，而且和今天的鲸类一样，完全是肉食性的。这些早期鲸类中体形最大的是龙王鲸。龙王鲸生活在4000万年前到3500万年前，体长可达18米，是已知的那个时代体形最大的动物。

目前我们还不知道龙王鲸最终灭绝的确切原因，但可能是与气候的变化有关。约3400万年前，在经历了几百万年的温暖气候之后，地球明显变冷了。尽管变冷的程度不足以形成冰河时期，但当时仍有不少种类的动物灭绝了。值得庆幸的是，这次物种灭绝的数量和规模远远小于二叠纪和白垩纪末的大灭绝。

取代龙王鲸位置的是和龙王鲸长得差不多大、长着巨大牙齿、与现代抹香鲸有亲缘关系的利维坦鲸，以及当时最大的捕食者——巨齿鲨。需要指出的是，现代鲸的体形比这些史前鲸类的体形更大。

在古近纪和新近纪，鲸并不是唯一重返水下的哺乳动物。现代河马（与鲸亲缘关系最近的现生动物）、海豹、海狮和水獭的祖先也曾纷

巴基鲸
Pakicetus
体长1～2米

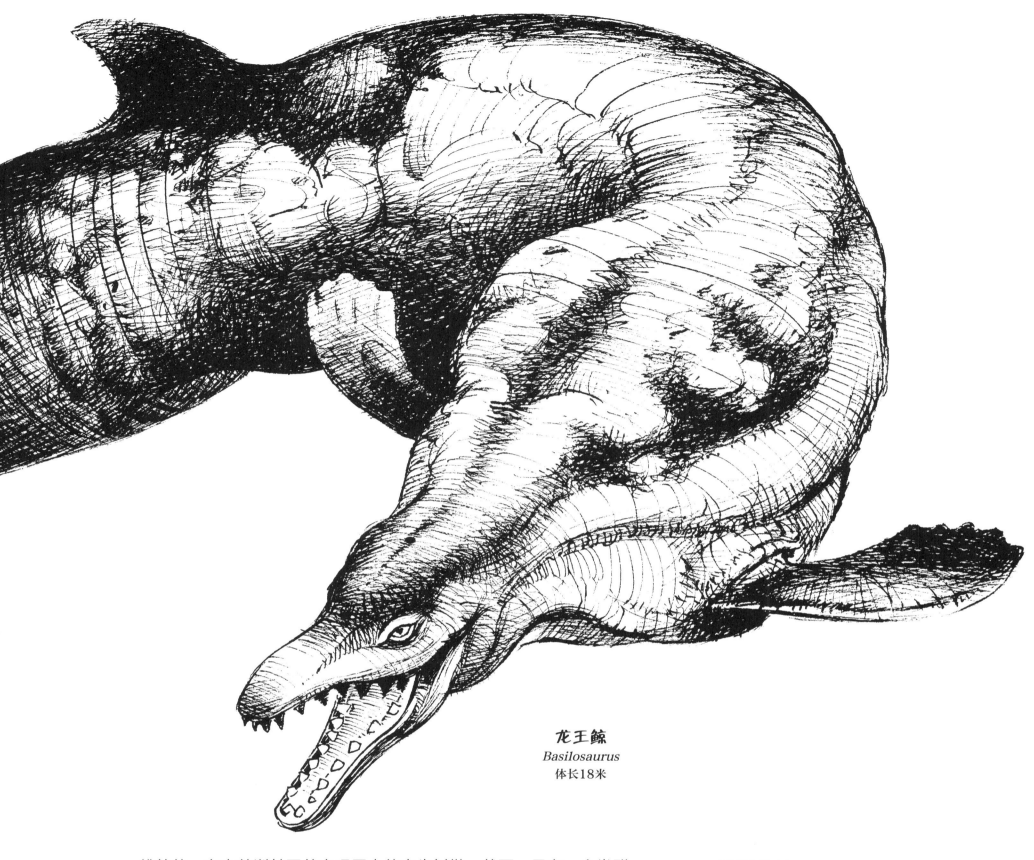

龙王鲸
Basilosaurus
体长18米

纷效仿。在南美洲甚至曾出现巨大的水生树懒。然而，只有一个类群，或者说在留有后代存活至今的类群中，除了鲸以外，只有一个类群演变为可以完全在水中生活。这就是海牛，它们从非洲兽演化而来，以植物为食，很可能和鲸在同一时期变成了水生动物。而除了鲸类和海牛之外的其他所有的哺乳动物，无论是在当时还是在现在，都必须来到陆地上生产后代。不过，有一个现在已灭绝的、与海牛有远亲关系的奇特类群——索齿兽，它们中可能有一些种类也可以完全在水中生活。

早期的鲸

像龙王鲸这样的大型鲸类，它们的祖先可以追溯到生活在古近纪后半期的巴基鲸之类的小型两栖哺乳动物。

人类的祖先

　　3000万年前，我们的祖先生活在非洲或亚洲，它们是树栖灵长类动物，看起来像埃及猿。

通往
人类的征途

在北半球的两大真兽类群中，劳亚兽演化出了类型最为丰富的群体，不仅包括鲸，还包括河马、蝙蝠、刺猬、穿山甲、猫、狗、熊、山羊、羚羊、长颈鹿、鹿、马、犀牛等许多其他动物。相比之下，灵长总目只演化出两个主要的分支，但这两个分支以自己的方式证明了它们同样重要，其中一个分支是啮齿类动物，这是目前为止种类最多的哺乳动物类群。另一个分支是灵长类动物和它们的近亲——这一类群里包括了人类。

　　迄今为止，灵长类的早期演化历史还有许多未解之谜，例如：第一个真正的灵长类动物是在白垩纪还是之后出现的？它们起源于亚洲还是非洲？可以确定的是，起源地肯定在这两者之中。然而，在古近纪早期，灵长类动物已经明显分成截然不同的两个分支。其中一支演化为狐猴、丛猴和懒猴，如今它们出现在非洲、马达加斯加岛和亚洲。另一支演化为猴、猿和眼镜猴，眼镜猴是在东南亚地区活动的小型夜行树栖动物。

　　古近纪早期的灵长类动物出现在非洲、欧洲、亚洲和北美洲。北美洲的灵长类在大约3400万年前就灭绝了，与龙王鲸几乎同期消失。大约在4000万年前，猴到达

埃及猿
Aegyptopithecus
体长可达90厘米

了南美洲。几乎可以肯定，它们是乘着漂浮的植物筏从非洲渡过南大西洋到达的。啮齿类动物被认为几乎在同一时间也做了同样的事情。在人类到达之前，没有任何灵长类动物到过澳大利亚。

在古近纪末的某一段时期，约2500万年前到3000万年前，猿类和猴类分化为两个分支。这一演化过程很可能发生在非洲，但也可能发生在亚洲。在新近纪的第一阶段，一系列的猿演化出现。其中的很多种类都是依据几颗牙齿鉴别出来的，这种方法在鉴别已灭绝的哺乳动物时很常用。最早的猿类化石产自东非。在约1500万年前，猿类也开始出现在欧洲南部和亚洲。生活在亚洲的猿最终演化为长臂猿和猩猩，而生活在非洲的猿则演化成为大猩猩、黑猩猩和人类。遗传学研究表明，大约在五百万至六百万年前，人类的祖先与黑猩猩的祖先分化为两个分支。东非也产出了一些这个时期的猿类化石，虽然它们看起来似乎比黑猩猩更像人类，但它们都不可能是人类的直接祖先。

又经过了四五百万年的演化，现代人类出现了。这就将是另外一个故事了，涵盖了一系列的人类近亲，包括南方古猿、直立人以及尼安德特人。这几百万年似乎是一段很长的时间，但相较于从生命最初诞生在地球上以来的漫长岁月，这不过是一眨眼的工夫。我们每一个人都可以沿着完整的演化历程追溯我们的祖先：从卵生的合弓纲动物、四脚鱼到食泥为生的两侧对称动物，再到近40亿年前出现的第一个可以分解有机分子产生能量并实现自我复制的小小的太古宙细胞。这些认知足以让我们自豪，同时也能让我们意识到人类自身的渺小。

术语表

变温动物与恒温动物　变温动物不能由自身体内产生热量维持恒定的体温，恒温动物却可以这种方式维持一个恒定的体温。

白矮星　一种恒星核残骸，它的密度非常大：质量与太阳相当，体积则与地球接近。

冰河时期　地球上温度很低的一长段时间，在这个时期，冰原和冰川广布地表。

哺乳动物　恒温羊膜动物的一个分支类群，身披毛发或覆有皮毛，雌性用乳汁喂养幼崽，大部分为胎生而非卵生。

大气　环绕着行星的气体。

单孔类动物　单孔类动物——现生哺乳动物的三个分支类群之一，也是唯一产卵的哺乳动物。现生的成员有针鼹和鸭嘴兽。

泛大陆　一个由现在所有大陆汇聚拼合在一起的超级大陆。其在二叠纪早期形成，而后在侏罗纪分裂开来。

分支类群　有着共同祖先的一类生物。

分子云　一种星际云，由气体和固态微尘组成，是恒星的诞生场所。

共生　两种或多种不同的有机体共同生活在一起，相互依存，互惠互利。

光合作用　细胞利用阳光的能量制造有机（碳基）分子的过程。

合弓纲动物　羊膜四足动物的一支，出现于石炭纪，在二叠纪占统治地位。现生成员为哺乳动物。

呼吸作用　细胞将有机分子分解并释放能量的过程。

化石　生物体死亡后保存在岩石中的身体残余部分或遗迹。化石记录包括所有已经发现和研究过的化石。

脊索动物　两侧对称动物的一个分支类群，最早出现于寒武纪。所有的脊索动物在它们生命的某一阶段，身躯中心都会有一根柔韧的脊索。现生成员包括人类及其他羊膜动物、两栖类和鱼类。

节肢动物　两侧对称动物的一个分支类群，大部分成员有坚硬的外骨骼和带有关节的腿，最早出现在寒武纪。现生成员包括昆虫、蜘蛛和甲壳类动物等。

恐龙　主龙类的一个分支类群，出现于三叠纪，并在侏罗纪和白垩纪时期成为陆地的主宰。现生成员为鸟类。

地质年代表

科学家把地球的历史划分为多个不同的时间单元。最大的单元是宙，如冥古宙和太古宙。宙又可划分为不同的代，代又分为不同的纪，而纪又可进一步分为世和期。本书中用到了年代表中的宙和纪。

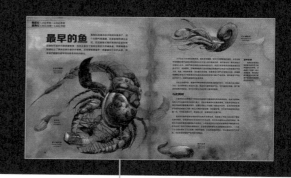

冥古宙 46亿年前—40亿年前	太古宙 40亿年前—25亿年前	元古宙 25亿年前—5.41亿年前		显古宙 5.41亿年前—			大灭绝
		成冰纪 7.2亿年前—6.35亿年前	埃迪卡拉纪 6.35亿年前—5.41亿年前	寒武纪 5.41亿年前—4.85亿年前	奥陶纪 4.85亿年前—4.44亿年前	志留纪 4.44亿年前—4.19亿年

劳亚兽总目 真兽类哺乳动物的一个分支类群，很可能在白垩纪时期出现于北半球；现生成员包括鲸、猫、狗、蝙蝠、马、羚羊等。

两侧对称动物 动物的一个分支类群，身体沿着中轴线对称排列。起源于埃迪卡拉纪。现生的大多数动物都是两侧对称动物。

灵长总目 真兽类哺乳动物的一个分支类群，可能在白垩纪时期出现于北半球。现生成员包括啮齿类和灵长类（如人类）。

拟鳄类 肉食性主龙类的一个分支类群，出现于三叠纪，现生成员为鳄类。

犬齿兽 肉食性蜥形纲动物的一个分支类群，具有特异化的牙齿，最先出现在二叠纪晚期，是哺乳动物的祖先。

四足动物 有四肢的脊索动物。最早的四足动物是泥盆纪的鱼类。现生四足动物包括两栖类、鸟类、爬行类和哺乳类。

外骨骼 生物体外的一种坚硬覆盖物。

蜥形纲动物 羊膜四足动物的一个分支类群，出现于石炭纪，包括主龙类。现生成员为鸟类和爬行类。

细胞 被表皮或膜包裹的一团细胞质，含有核酸、蛋白质、碳水化合物和脂肪。细胞是构建所有生物（除病毒外）的基石。

羊膜动物 四足脊索动物的一个分支类群，它们可以在陆地上产卵，或将卵留在母体内完成进一步发育。现生成员有爬行类、鸟类和哺乳类。

翼龙 主龙类中会飞的一个分支类群，出现于三叠纪、侏罗纪和白垩纪。

有袋类动物 有袋类动物——现生哺乳动物的三个分支类群之一。大多数有袋类生下幼崽后会让幼儿待在育儿袋里继续发育。现生成员包括袋鼠、袋熊和负鼠。

有机生命体 一切有生命的物质，它们可以生长、变化、自我复制，会对周围的环境产生反应，也会死亡。

原核生物 由单个细胞组成的微小生物，细胞内部没有隔间。原核生物有两种：细菌和古菌。

真核生物 一种有机体，最初由两个原核生物（一个细菌和一个古菌）共生而产生，包括所有多细胞生物。真核细胞有一个细胞核，核内包含着细胞的遗传物质。

真兽类 现生哺乳动物的三个分支类群之一。最早出现于白垩纪或侏罗纪，可产下发育更完全、体形更大的幼崽。现生成员包括绝大多数的哺乳动物。

主龙类 蜥形纲的一个分支类群，可能出现于二叠纪晚期，包括翼龙、拟鳄和恐龙；现生成员有鸟类和鳄类。

大灭绝　　　　　大灭绝　　　　　大灭绝　　　　　大灭绝

泥盆纪	石炭纪	二叠纪	三叠纪	侏罗纪	白垩纪	古近纪	新近纪
19亿年前—3.59亿年前	3.59亿年前—2.99亿年前	2.99亿年前—2.52亿年前	2.52亿年前—2.01亿年前	2.01亿年前—1.45亿年前	1.45亿年前—6600万年前	6600万年前—2300万年前	2300万年前—260万年前

献给玛丽和蒂姆——马丁·詹金斯
我想把这本书献给所有数十亿未知的生命，它们生活在地球的不同时代，共同造就了现在我们的这一刻。
——格雷厄姆·贝克-史密斯

作者后记及致谢：

在写这本书的过程中，我阅读了数百篇科学论文，另外还发现了特别有用的三本书：理查德·考恩的《生命史》
（Richard Cowen, *History of Life, 5th edition*）、乔治. R·麦吉的《当登陆失败时：泥盆纪灭绝的遗产》（George R. McGhee
Jr, *When the Invasion of Land Failed: The Legacy of the Devonian Extinctions*）、诺尔曼·麦克劳德的《大灭绝》（Norman
MacLeod, *The Great Extinctions*）。
书中的信息是我所能查到最新的，但是很多关于生命历史的令人兴奋的研究在不断地进行中，科学家一直在发表新的研
究成果，所以我们对某些事物的理解甚至可能在您阅读本书时，已经发生变化。
感谢古生物学家迈克尔· 本顿教授对本书最终文本的审阅和建议。

译者致谢：

感谢中国科学院南京地质古生物研究所王鑫研究员、徐洪河研究员、赵方臣研究员、殷宗军研究员、蔡晨阳研究员、
郄文昆研究员、季承副研究员、庞科副研究员、林巍助理研究员、贺一鸣博士、王霄鹏博士研究生、中国科学院古脊椎
动物与古人类研究所朱敏研究员以及中国古动物馆顾霞在本书专有名词翻译中给予的帮助！

图书在版编目(CIP)数据

地球46亿年：人类出现之前的故事 /(英)马丁·
詹金斯文；(英)格雷厄姆·贝克-史密斯图；梁艳，谭
超译. -- 北京：北京联合出版公司. 2021.9 （2024.5重印）
ISBN 978-7-5596-5460-1

I.①地… II.①马…②格…③梁…④谭… III.
①生命起源 – 青少年读物 IV.①Q10-49

中国版本图书馆CIP数据核字(2021)第145993号

地球46亿年：人类出现之前的故事
著　　者：[英]马丁·詹金斯
绘　　者：[英]格雷厄姆·贝克-史密斯
译　　者：梁艳 谭超
出 品 人：赵红仕
选题策划：北京浪花朵朵文化传播有限公司
出版统筹：吴兴元
特约编辑：郭春艳
责任编辑：牛炜征
营销推广：ONEBOOK
装帧制造：墨白空间
北京联合出版公司出版
（北京市西城区德外大街83号楼9层 100088）
中华商务联合印刷（广东）有限公司 新华书店经销
字数 122千字 1092毫米×787毫米 1/8 10印张
2021 年 9 月第 1 版 2024 年 5 月第 2 次印刷
ISBN 978-7-5596-5460-1
定价：149.80元

读者服务：reader@hinabook.com 188-1142-1266
投稿服务：onebook@hinabook.com 133-6631-2326
直销服务：buy@hinabook.com 133-6657-3072
官方微博：@浪花朵朵童书